高等院校艺术设计类专业
"十三五"案例式规划教材

After Eff C
案例教程

张 耿 彭凌玲 戴敏宏 主编

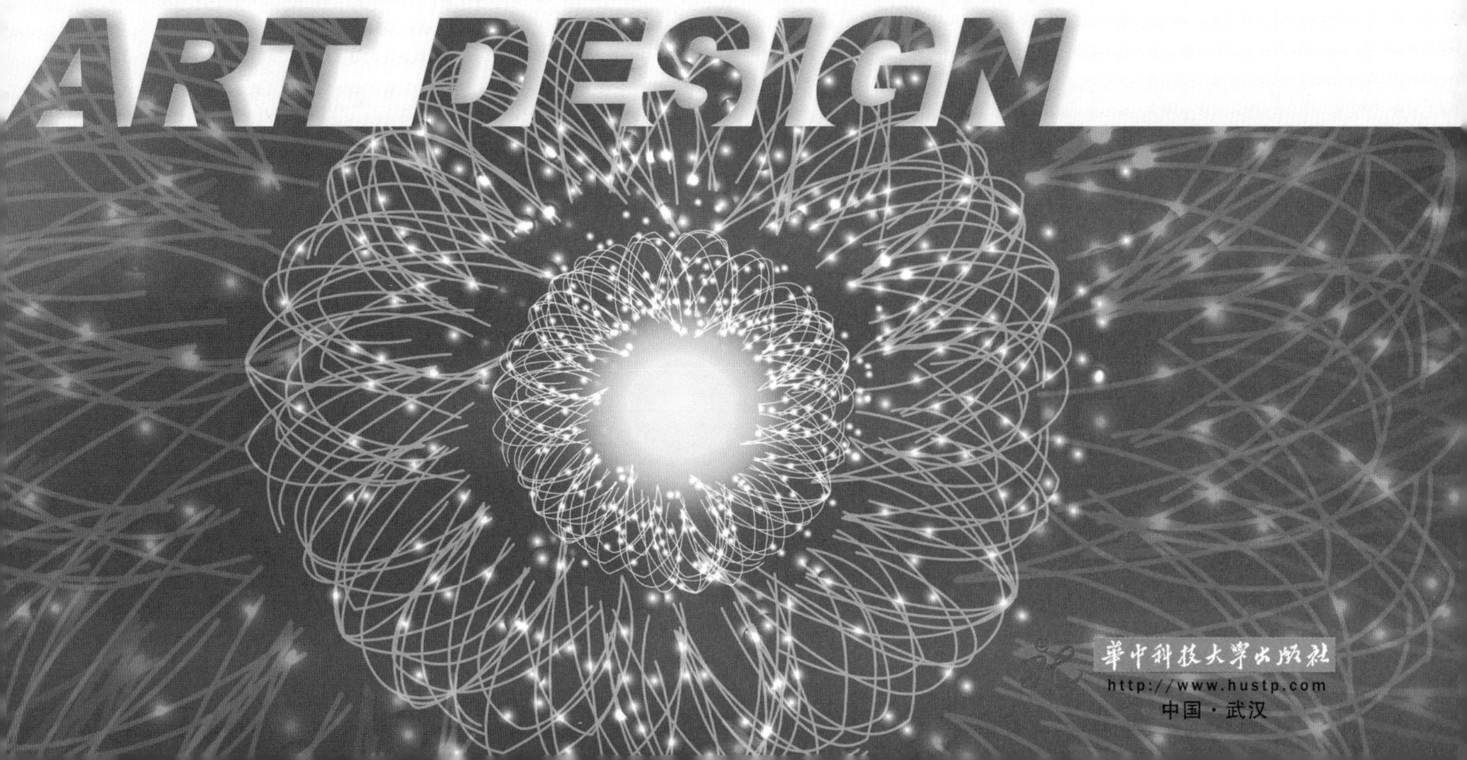

華中科技大學出版社
http://www.hustp.com
中国·武汉

内 容 提 要

本书内容包括界面、素材及操作流程，图层叠加模式及案例，蒙版与跟踪遮罩，绘画与形状，三维空间，文字，色彩校正，抠像，运动跟踪，模糊和锐化，过渡滤镜组，透视滤镜组，模拟滤镜组，综合案例。本书结构清晰，案例操作步骤详细，语言通俗易懂，案例实用性强，便于读者学以致用。

图书在版编目 (CIP) 数据

After Effects CC 案例教程 / 张耿，彭凌玲，戴敏宏主编 . —武汉：华中科技大学出版社，2020.1

高等院校艺术设计类专业“十三五”案例式规划教材

ISBN 978-7-5680-4189-8

Ⅰ . ① A… Ⅱ . ①张… ②彭… ③戴… Ⅲ . ①图象处理软件－高等学校－教材 Ⅳ . ① TP391.413

中国版本图书馆CIP数据核字(2019)第110921号

After Effects CC 案例教程

After Effects CC Anli Jiaocheng

张　耿　彭凌玲　戴敏宏　主编

策划编辑：周永华

责任编辑：周怡露

封面设计：原色设计

责任校对：刘　竣

责任监印：朱　玢

出版发行：华中科技大学出版社（中国・武汉）　电话：(027)81321913

武汉市东湖新技术开发区华工科技园　邮编：430223

录　　排：华中科技大学惠友文印中心

印　　刷：湖北新华印务有限公司

开　　本：880mm × 1194mm　1/16

印　　张：10

字　　数：225 千字

版　　次：2020 年 1 月第 1 版第 1 次印刷

定　　价：59.80 元

華中出版

编 委 会

主　编　张　耿　彭凌玲　戴敏宏

副主编　彭　伟　刘　辰　纪春明　邹　雷

参　编　刘炳彤　于斯淼　马　逍　郑笑依

项　洋　高　薇　张　然　董　慧

何　影　王媛媛　李　瑞　于　涛

齐丽娜　白雅君

前言

Preface

Adobe After Effects CC 是 Adobe 公司开发的一款功能强大的影视后期特效制作与合成设计软件，其以在非线性影视编辑领域中出色的专业性能，广泛应用于电影后期特效、电视特效制作和电脑游戏动画视频、多媒体视频编辑等领域，是影视后期制作领域具有重要作用的软件，深受影视后期合成与特效制作人员的喜爱。

本书是一本介绍中文版 After Effects CC 影视特效制作的案例式教材，读者能在学习案例的过程中掌握 After Effects CC 的使用技巧。全书共 14 章，内容涵盖影视特效制作中常见的文字特效、粒子特效、光效、仿真特效、调色技法和高级特效等，是读者学习 After Effects CC 特效制作不可多得的参考书。

本书适合作为各类院校设计专业的教学用书以及从事影视后期制作的工作人员的参考书。

由于编者的经验和学识有限，内容难免有疏漏，敬请广大专家、学者批评指正。

编 者

2019 年 4 月

Ae

目录

Contents

第一章

界面、素材及操作流程

第一节 工作界面

无论是什么软件，用户在接触它时，第一步要做的都是了解工作界面。After Effects CC 的工作界面由多个工作视窗组成：①应用程序窗口；②工具面板；③项目面板；④合成影像面板；⑤时间轴面板；⑥时间轨；⑦分组面板（信息和音频）。工作界面如图 1-1 所示。

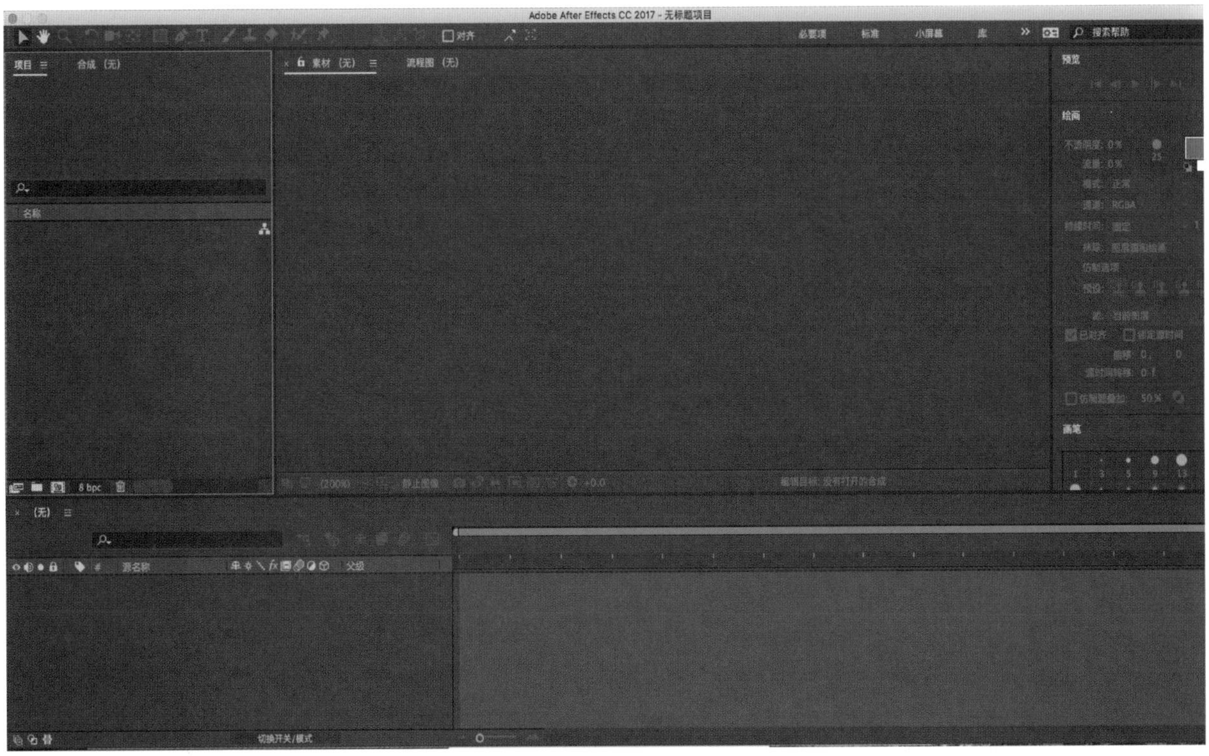

图 1-1 工作界面

After Effects CC 提供灵活的可自定义的工作区。程序的主窗口即应用程序窗口，面板排列在该窗口内，面板组合成工作区。默认的工作区包含堆叠面板和独立面板。

拖放面板至自定义工作区，使其符合要求。将面板拖放到新的位置，更改堆叠面板的顺序，使面板排列更整齐，还可以将面板拖出，使其浮动在应用程序窗口的新窗口内。在重新调整面板时，其他面板将自动调整大小，以适应窗口的尺寸。

拖动面板选项卡重新定位时，可以放置面板的区域称为放置区域，高亮显示。放置区域决定面板在工作区中的插入位置和插入方式。将面板拖放到放置区域使它停靠或分组到该区域。

将面板放置在其他面板、面板组或窗口的边缘时，它将贴着原有的组，所有组的尺寸重新调整，以容纳新面板。

若将面板拖放到另一面板或面板组内，或拖放到另一面板的标签区域，它将被添加到该组，并被放置在该组顶部。对面板进行分组不会引起其他组的尺寸变化。

在浮动窗口中打开面板时，应选择该面板，从面板的菜单中选择脱离面板或脱离框架；或是将面板或组拖出应用程序窗口。

第二节　菜　　单

菜单包括菜单栏和工具栏。

（1）菜单栏。

菜单栏中包含了软件全部功能的命令操作。After Effects CC 提供了 9 项菜单：文件、编辑、合成、图层、效果、动画、视图、窗口、帮助（图 1-2）。

图 1-2　菜单栏

（2）工具栏。

工具栏中包含了经常使用的工具，有些工具按钮的右下角有三角标记，表示含有多种工具选项。

一旦创建合成图像，After Effects CC 应用程序窗口左上角工具面板中的工具就会被激活。After Effects CC 包含的工具用于修改合成图像中的元素。图 1-3 将工具面板中的工具标识出来，以供参考。①选择工具；②抓手工具；③缩放工具；④旋转工具；⑤摄像工具；⑥轴点工具；⑦蒙版和形状工具；⑧钢笔工具；⑨文字工具；⑩画笔工具；⑪仿制图章工具；⑫橡皮擦；⑬动态蒙版画笔；⑭木偶工具。将鼠标定位于工具面板中的任何按钮上时，会出现工具提示，显示工具名及其对应的键盘快捷键。

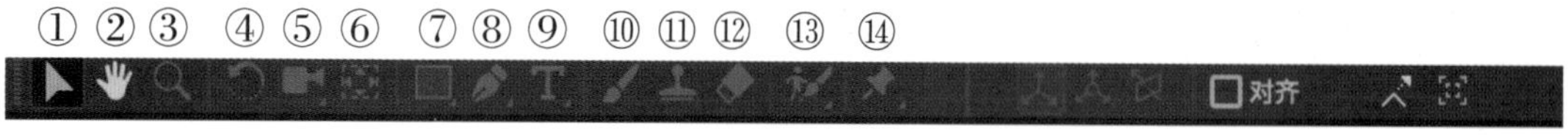

图 1-3　工具栏

第三节 面 板

1. 项目面板

打开 After Effects CC 后，系统将自动生成一个新项目，并显示所有导入的素材。如图 1–4 所示。

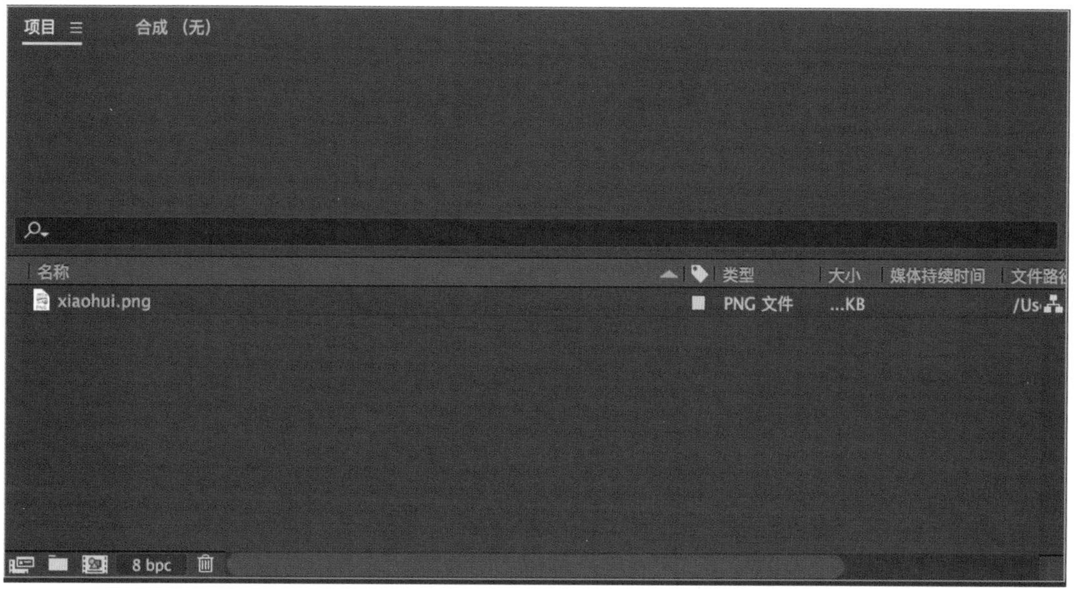

图 1–4 项目面板

被导入的文件称作素材，包括动画、图像及声音文件。如图 1–5 所示。

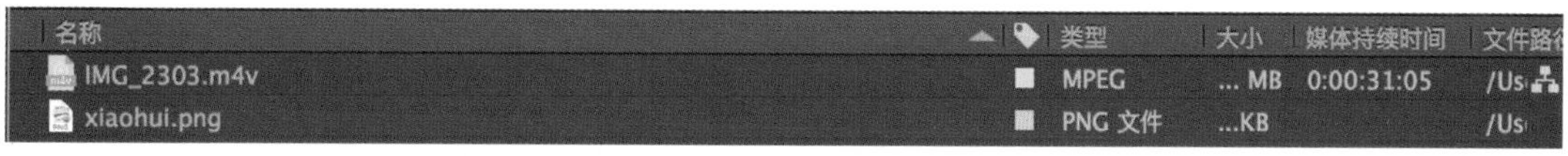

图 1–5 素材文件

下面介绍编辑素材的工具。

（1）素材预览：选中文件的第一帧画面，如果是视频，双击素材可以预览整个视频动画。这里能够看到被选择的素材信息，这些信息包括素材的分辨率、时间长度和帧速率等。如图 1–6 所示。

图 1–6 素材信息

（2）标签：用来选择颜色从而区分不同类型的素材，单击色块图标可改变颜色，也可以通过执行【文件 – 选择 – 标签】菜单命令自行设置颜色。

（3）素材的类型和大小：将项目面板向一侧拉开，就能看到素材的大小、播放总长度和路径等信息。

（4）查找：当文件较大或项目中的素材数目比较多时，利用这个功能可找到需要的素材。

（5）建立新文件夹：单击 ▭ 图标可建立新的文件夹，便于在制作过程中有序地管理各种素材。这对于初学者而言非常重要。

（6）颜色深度：可对颜色的深浅进行设置。可以选择 8bpc（bit per channel）或 16bpc。

（7）删除：在删除素材或文件夹时使用。先选择要删除的对象，然后单击回收站图标，或者将选定的对象拖至回收站中即可。

2. 合成影像面板

合成影像面板可直接显示素材组合特效处理后的合成画面。该窗口不但具有预览功能，还具有控制、操作、管理素材、缩放窗口比例、当前时间、分辨率、图层线框、3D 视图模式及标尺等操作功能，是 After Effects CC 中非常重要的工作窗口，如图 1-7 所示。

图 1-7　合成影像面板

3. 时间轴面板

时间轴面板可动态改变图层的属性并设置层的入点和出点，即合成图像中一个图层的开始点和结束点。时间轴面板的控件是按功能分栏组织的，有以下内容：①合成图像名；②当前时间；③时间曲线 / 曲线编辑区域；④音频 / 视频开关栏；⑤源文件名 / 图层名栏；⑥图层开关。如图 1-8 所示。

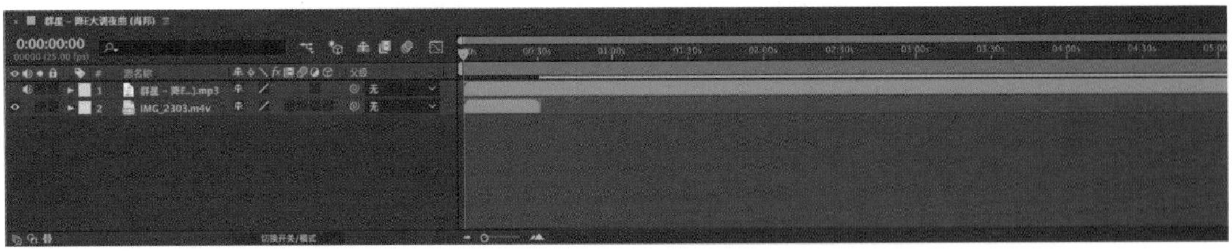

图 1-8　时间轴面板

时间轴面板中时间曲线图部分（右边）包含一个时间标尺，用于标记合成图像中图层的具体时间和时长条，包含以下内容：①时间导航器的开始和结束标记；②工作区开始和结束标记；③时间标尺；④时间轴面板菜单；⑤时间缩放滑块；⑥合成图像按钮；⑦合成图像标记。如图 1-9 所示。

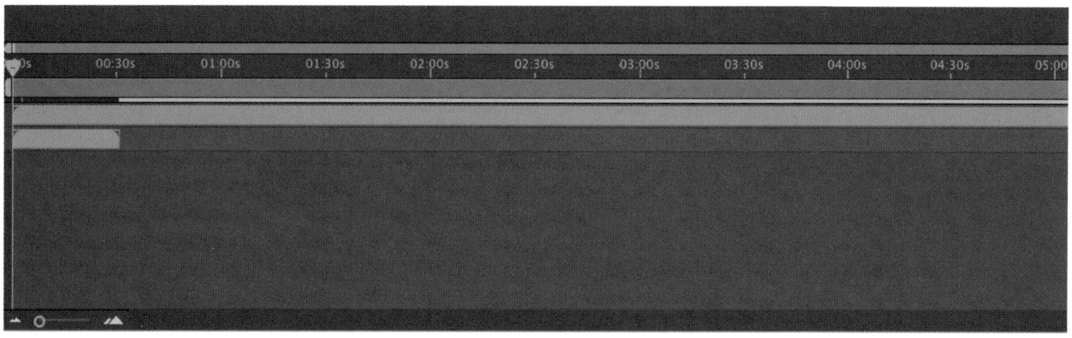

图 1-9 时间标尺

深入介绍动画前，理解一些控件是必要的。时间曲线上直观地显示出合成图像、图层或素材项的长度，时间标尺上的当前时间标志指示当前所查看或编辑的帧，同时在合成图像面板上显示当前帧。

工作区开始和结束标记标示出将预览或最终输出而渲染的合成图像部分。处理合成图像时，若只想渲染其中的一部分，可以通过将一段合成图像的时间标尺指定为工作区来实现。

时间轴面板的左上角显示合成图像的当前时间。若需要移动到不同时间点，拖动时间标尺上的当前时间标志，也可以单击时间轴面板或合成图像面板上的当前时间字段，键入新时间，然后单击 OK 按钮。

注意：当单击曲线编辑器按钮时，时间标尺上的图层时长条将切换成图形编辑器。

思考与练习

（1）简单介绍 After Effects CC 的工作界面。

（2）设置 After Effects CC 的基本参数。

第二章

图层叠加模式及案例

第一节　调出图层叠加控制板

在时间线上，按下时间线窗口左下角展开或折叠“图层开关”窗格开关按钮，点开开关 / 转换控制菜单，在模式下可以展开层控制和层模式面板，按下快捷键【F4 键】，时间线窗口会在层控制面板和层模式面板之间进行切换，在层模式面板 Mode 栏中可以选择不同的层叠加方式。操作示例如图 2-1 至图 2-3 所示。

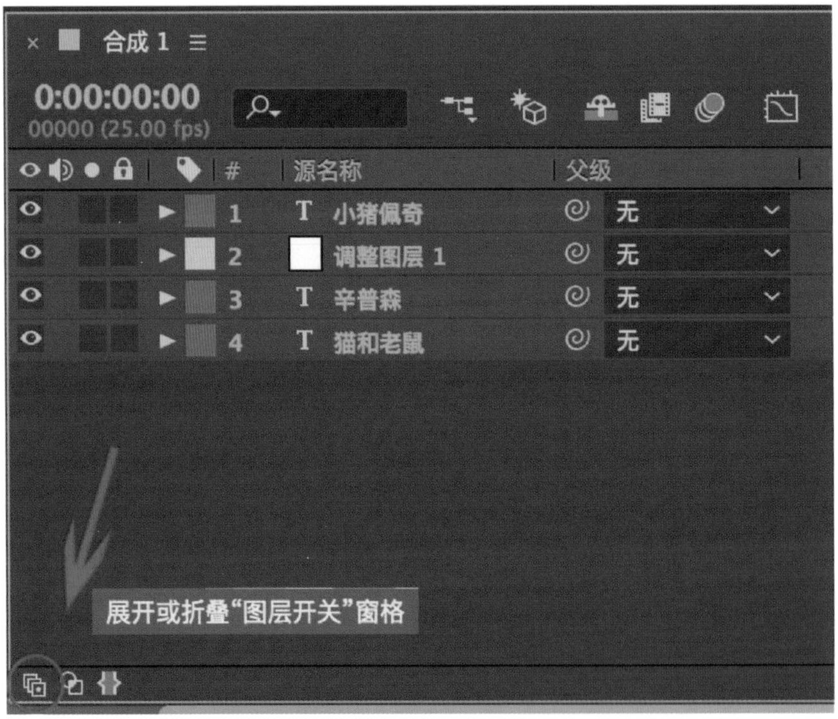

图 2-1　选择不同的叠加方式

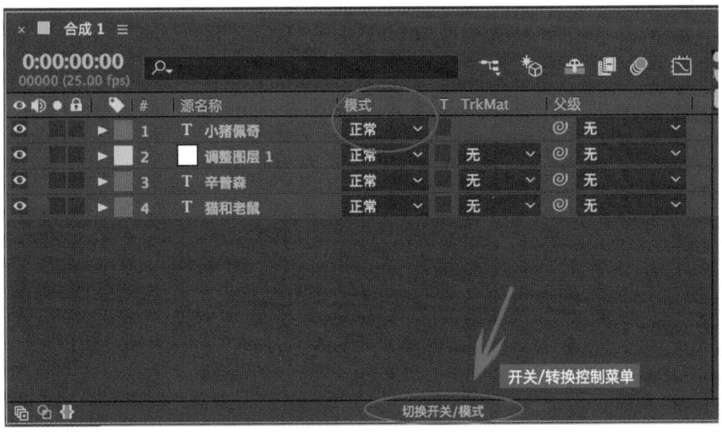

图 2-2　切换开关 / 模式

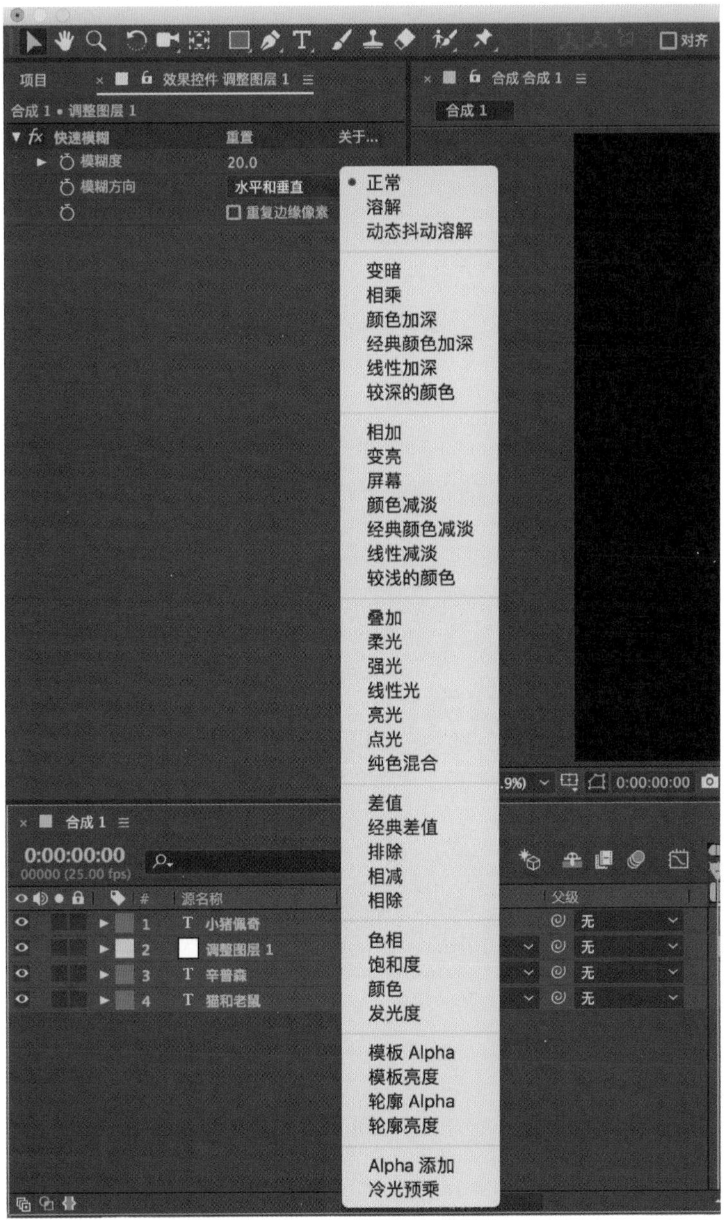

图 2-3　调整图层

第二节　普通模式

普通模式：当不透明度设置为 100％时，此合成模式将根据 Alpha 通道正常显示当前层，并且层的显示不受其他层的影响；当不透明度设置为小于 100％时，当前层的每一个像素点的颜色将受到其他层的影响，根据当前的不透明度值和其他层的色彩来确定显示的颜色。操作实例如图 2-4 和图 2-5 所示。

图 2-4　不透明度设置为 100%

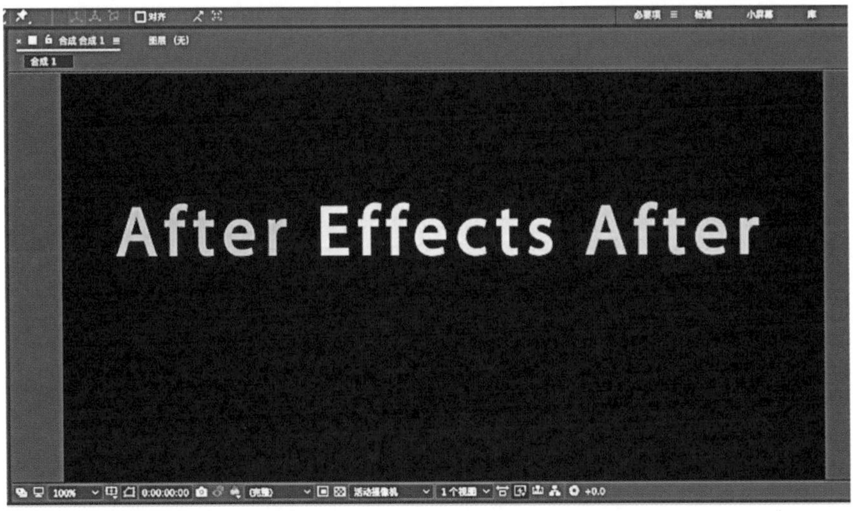

图 2-5　不透明度设置为小于 100%

第三节　变暗模式

变暗模式：用于查看每个通道中的颜色信息，并选择基色或混合色中较暗的颜色作为结果色。操作示例如图 2-6 所示，为了便于查看效果，将第二个图层设置为纯色。

(a)

(b)

(c)

图 2-6　变暗模式

第四节　变 亮 模 式

变亮模式：与变暗模式相反，用于查看每个通道中的颜色信息，并选择基色或混合色中较为明亮的颜色作为结果色。将比混合色暗的像素替换掉，较亮的则保持不变。操作示例如图 2-7 所示。

为了便于查看效果，将第二个图层设置为纯色。

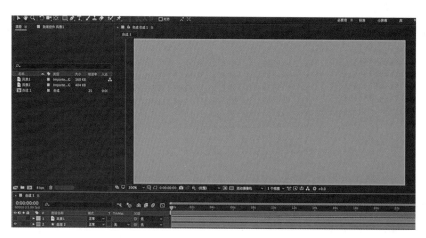

(a)

(b)

(c)

图 2-7　变亮模式

第五节　叠加模式

叠加模式：复合或过滤颜色，具体取决于基色。颜色在现有的像素上叠加，同时保留基色的明暗对比。不替换颜色，但是基色与混合色相混合以反映原色的亮度或暗度。该模式对中间色调影响较明显，对于高亮度区域和暗调区域影响不大。操作示例如图 2-8 所示。为了便于查看效果，将第二个图层设置为纯色。

(a)

(b)

图 2-8　叠加模式

第六节　差值模式

差值模式：从基色中减去混合色或从混合色中减去基色，这取决于哪个颜色的亮度更大。与白色混合将翻转基色值；与黑色混合则不产生变化。操作示例如图 2-9 和图 2-10 所示。为了便于查看效果，将第二个图层设置为纯色（分别为白色和黑色）。

与白色混合将翻转基色值，效果如图 2-9 所示。

图 2-9　将第二个图层设为白色

与黑色混合则不产生变化，效果如图 2-10 所示。

图 2-10　将第二个图层设为黑色

第七节　色 彩 模 式

作用：用基色的亮度以及混合色的色相和饱和度创建结果色，这样可以保留图像中的灰阶，并且对给单色图像上色和给彩色图像着色都非常有用。

第八节　拓展案例——After Effects CC 中的调节层

（1）打开 After Effects CC，新建一个合成图层。提示：新建的合成图层一般都如图 2-11 所示。

（2）输入一些文字来演示，新建一个调整图层，如图 2-12 所示。

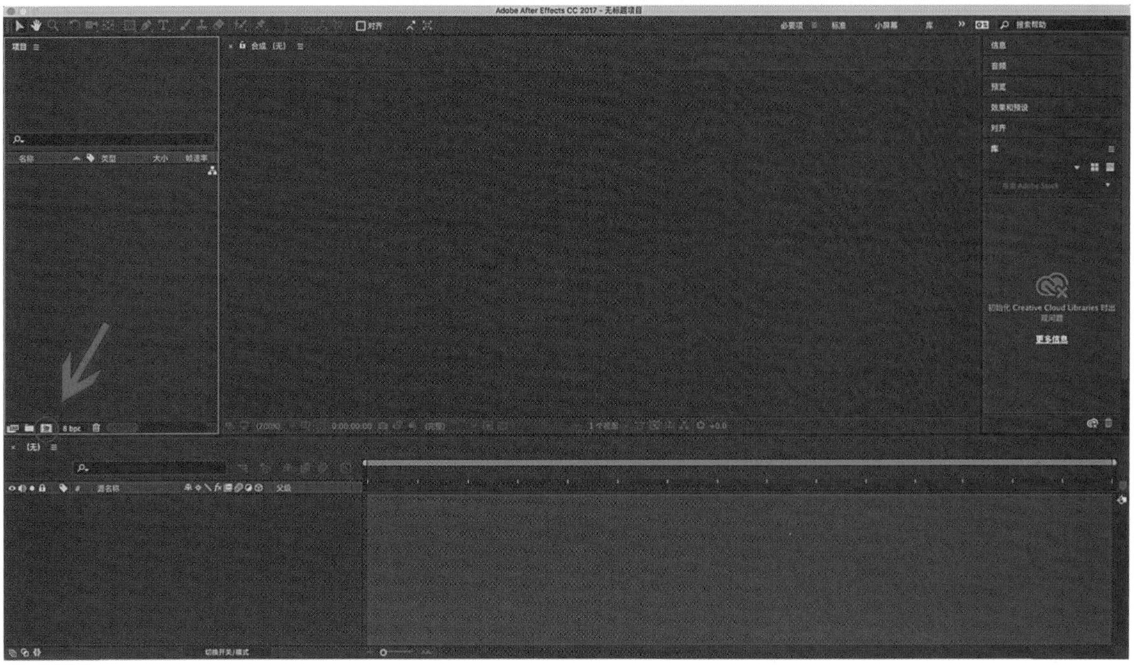

图 2-11　新建合成图层

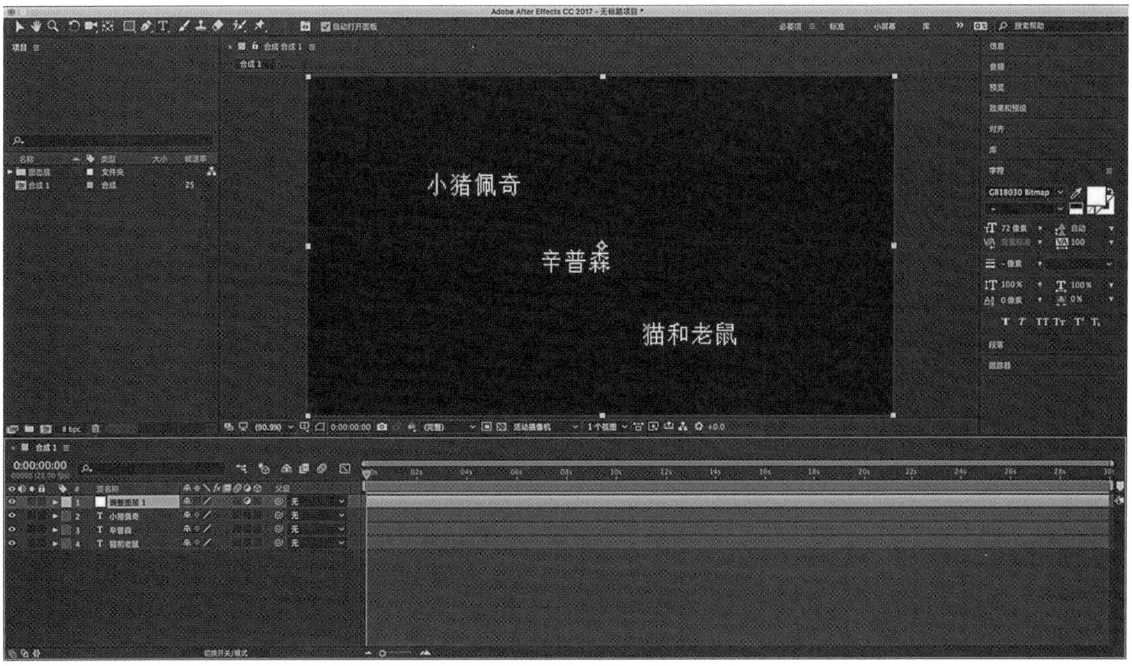

图 2-12　新建一个调整图层

在此说明一下调节层的作用：在做批量的特效时，我们可以利用调节层一次性做完，就是把效果放在调节层上，其下方的图层都会有调节层中的效果。

（3）使用调整图层时要注意两点：①调整图层一定要位于所要添加的特效图层的上方；②调整图层新建后默认大小和视频大小一致。

（4）往调整图层上添加一个快速模糊的特效，加大模糊量，如图 2-13 所示。

图 2-13　添加快速模糊的特效

（5）当我们把调整图层往下移动一层时，会发现只有两行文字有效果，如图 2-14 所示。

图 2-14　调整图层往下移动

思考与练习

（1）什么是图层叠加模式？具体包括哪些模式？

（2）用图层叠加模式设计一系列照片。

第三章

蒙版与跟踪遮罩

第一节 蒙版及实例

蒙版可以理解为遮挡板。

蒙版模式：展现想要的部分或者遮挡不想要的部分，可以遮住（蒙版相减选项）或是单独体现（蒙版相加选项）素材，通过钢笔工具或图形工具绘制实现。

（1）导入一张图片，以图片创建合成图层（图 3-1）。

图 3-1 创建合成图层

（2）创建蒙版的方法：①选择图形工具画出形状（图 3-2）；②使用钢笔画出形状。

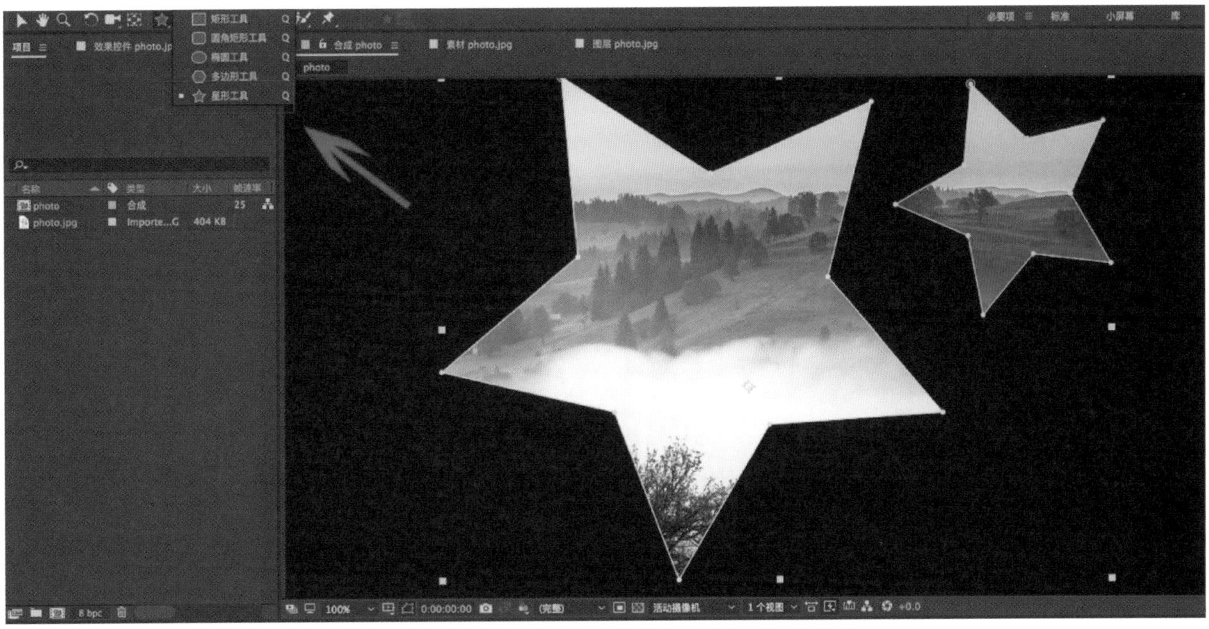

图 3-2　使用图形工具画出形状

（3）点击【切换透明网格】选项，可以看到蒙版区域以外为透明色（图 3-3）。

图 3-3　点击【切换透明网格】

（4）在蒙版的旁边有一个功能选项栏，点击【相减】，会发现路径选中的图片消失，图片其余部分显现，如图 3-4 所示。勾选旁边的【反转】，效果相同。

还可以根据背景需要改变路径颜色（图 3-5）。

图 3-4　点击【相减】

图 3-5　改变路径颜色

第二节　跟踪遮罩及实例

在观看采访视频时，有时会有马赛克或模糊处理效果叠加在人物的脸上，这种效果运用的就是跟踪遮罩。

（1）创建一个合成图层，导入视频和图片素材（图 3-6）。

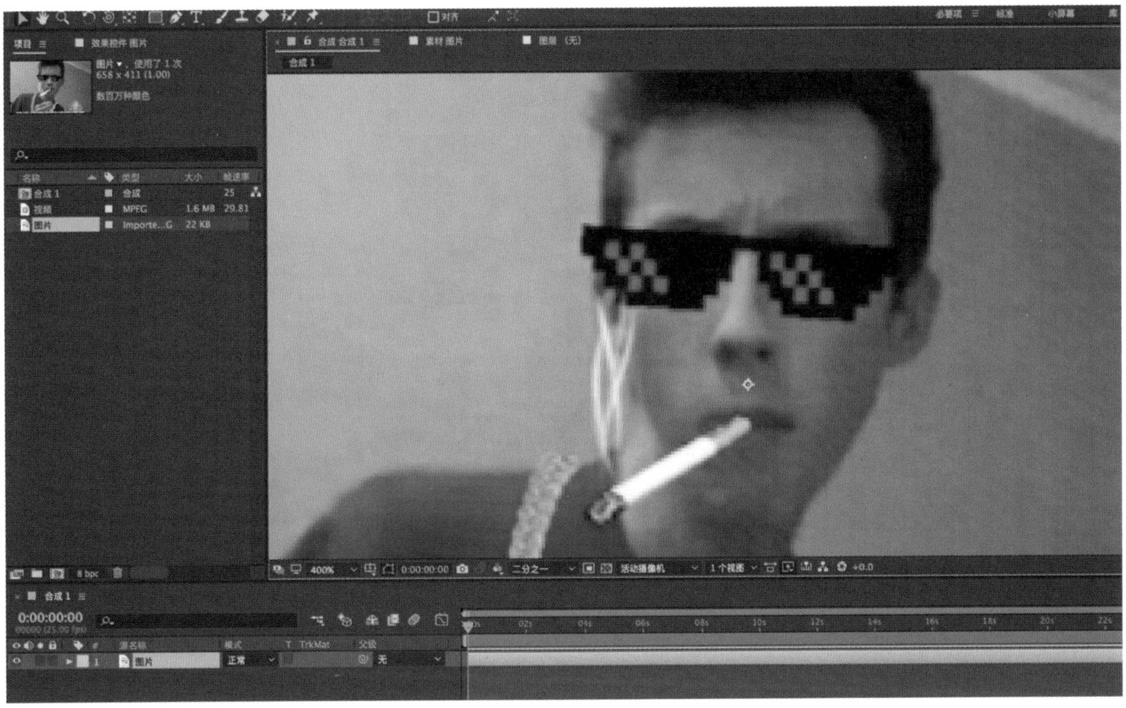

图 3-6　导入图片或素材

（2）用钢笔工具将图片素材里的“眼镜”抠选出来（图 3-7）。

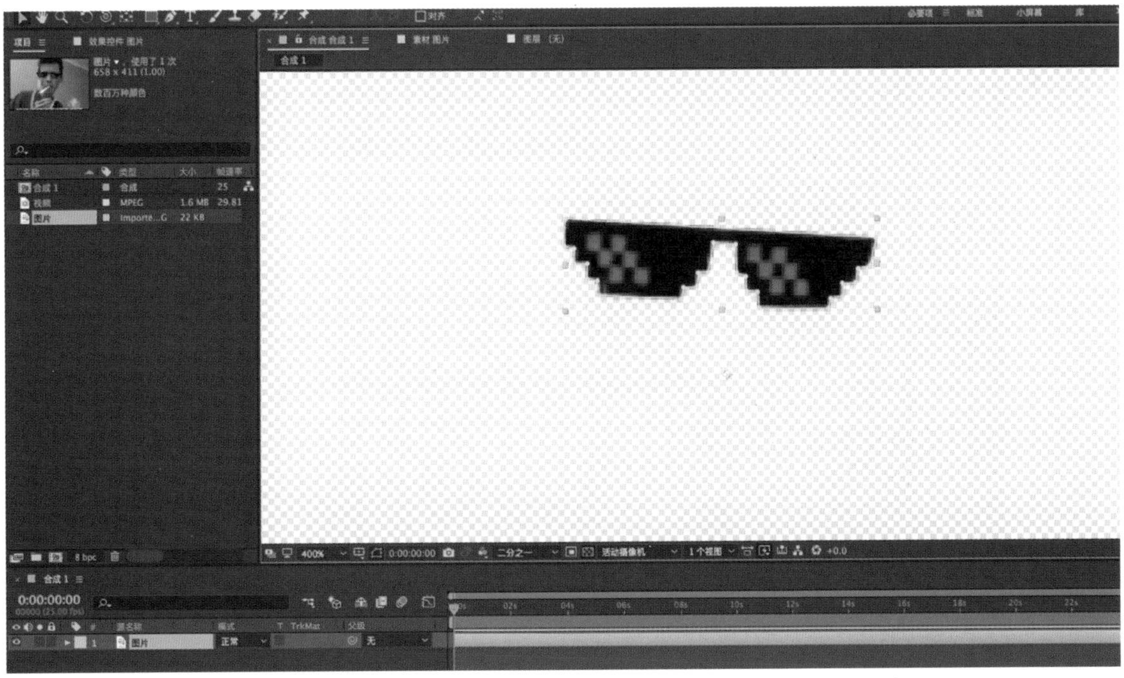

图 3-7　抠选眼镜

（3）将视频打开，对应最后的效果调整眼镜角度和大小（图 3-8）。

（4）打开关键帧选项，把眼镜移到出现位置，与视频关键帧一一对应（图 3-9）。

图 3-8　调整眼镜角度和大小

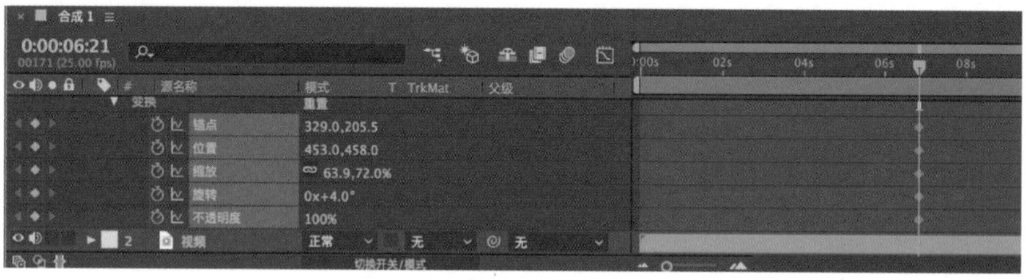

(a)

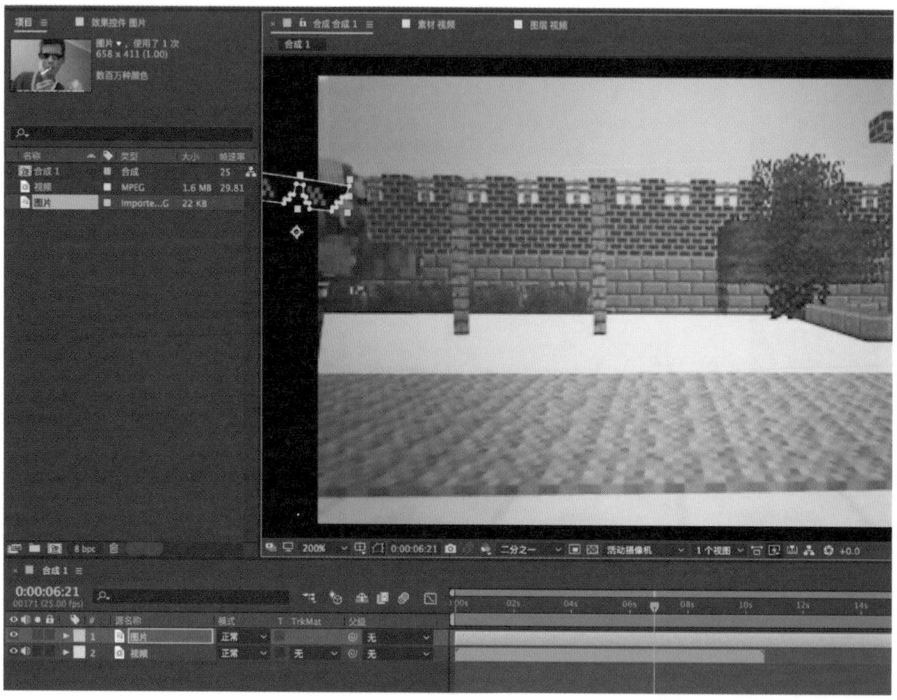

(b)

图 3-9　移动眼镜

(c)

(d)

续图 3-9

（5）播放视频，发现眼镜已经跟随人物移动了。

（6）点击【文件－创建代理－影片】进行渲染（图 3-10）。

（7）设置完存储位置后，设置【格式】（图 3-11）。

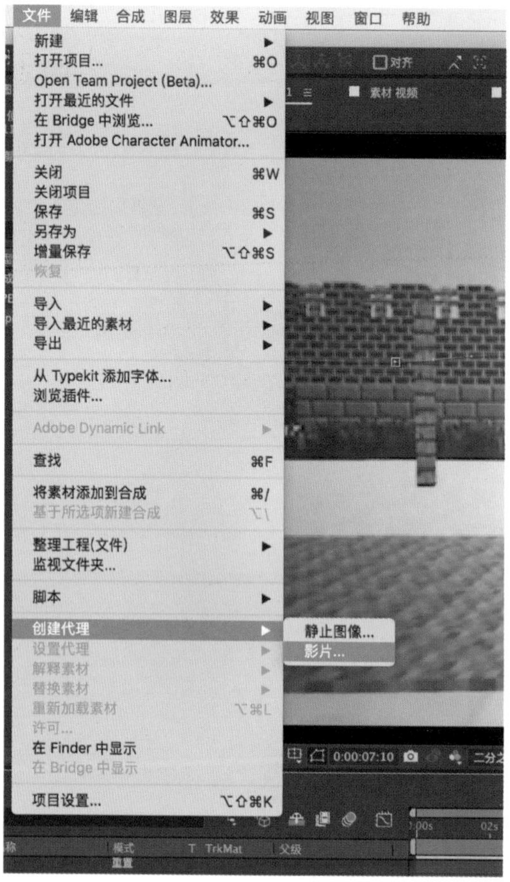

图 3-10　点击【文件 – 创建代理 – 影片】

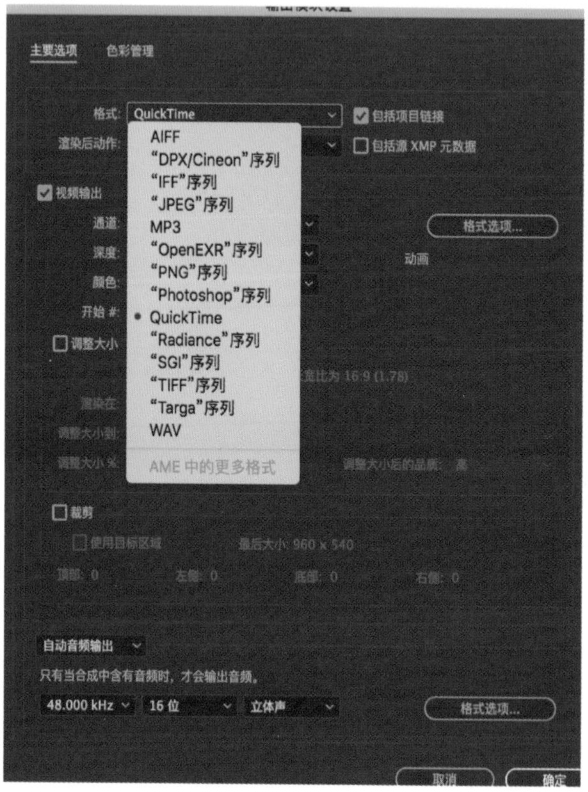

图 3-11　设置【格式】

（8）点击【渲染】，听到“叮”声后渲染完成（图 3-12）。

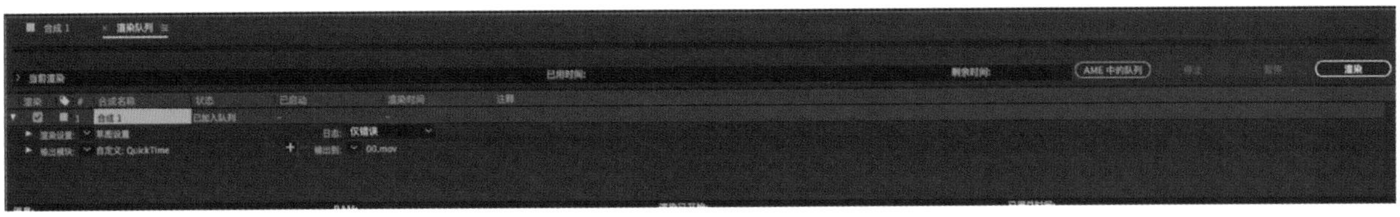

图 3-12　点击渲染

思考与练习

(1) 用蒙版设计并制作一张图片。

(2) 用跟踪遮罩设计并制作一段影片。

第四章

绘画与形状

第一节 绘　　画

（1）使用钢笔工具，配合【Shift 键】使用。

在使用钢笔工具时，从点 1 绘制到点 2，同时按住【Shift 键】可以画出直角（图 4-1）。

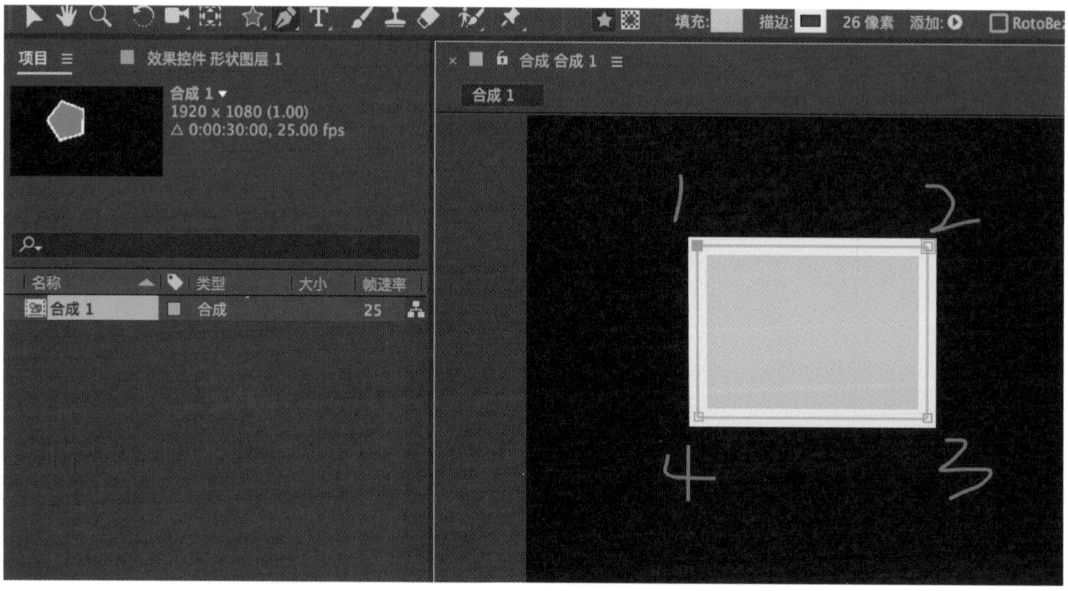

图 4-1　画直角

（2）使用钢笔工具，配合【Alt 键】使用。

把直角变成有弧度的角，按【Alt 键】，点击钢笔工具，用鼠标在目标直角的锚点上点击一下，拉伸后可以看到直角的变化。也可以用鼠标点住其中一端手柄修改弧度形状（图 4-2）。

用鼠标点住手柄调节形状，可以按住【Alt 键】不放，就能调整手柄对应的这一边线段的形状（图 4-3）。

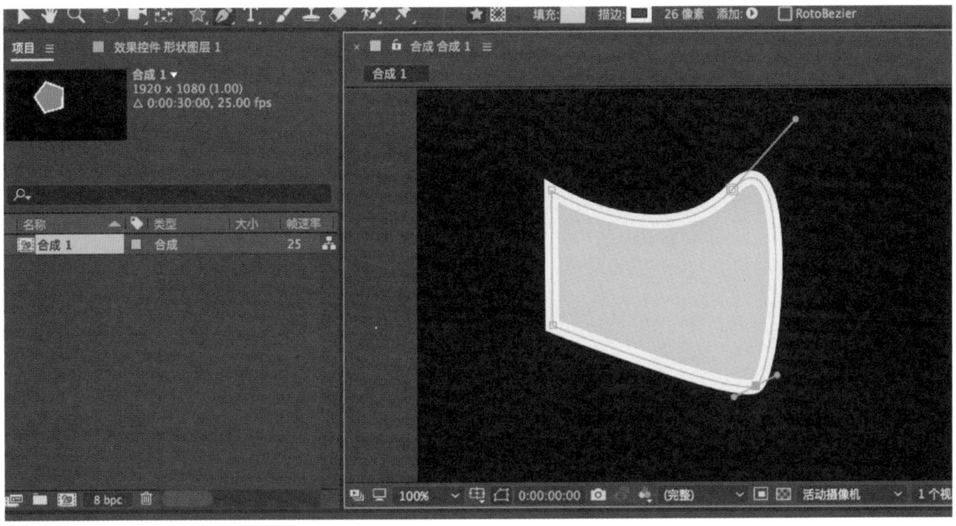

图 4-2　把直角变成有弧度的角

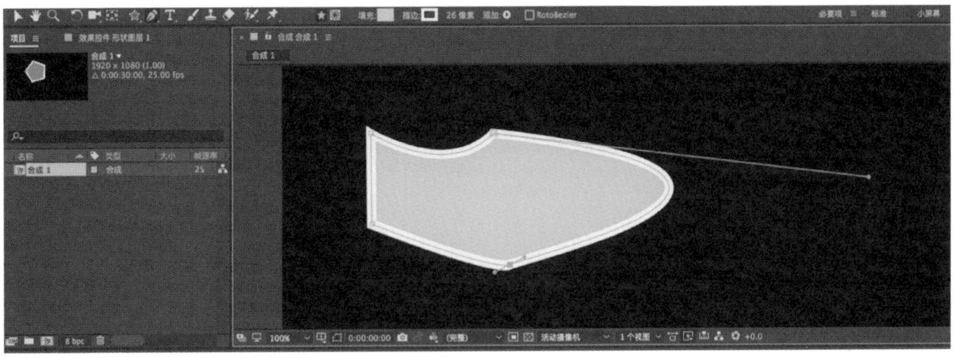

图 4-3　调整线段的形状

若要将有弧度的角变回尖角，同样配合【Alt 键】使用。把鼠标放在目标角的锚点上，按住【Alt 键】，再点击一下鼠标，有弧度的角会变成尖角（图 4-4）。

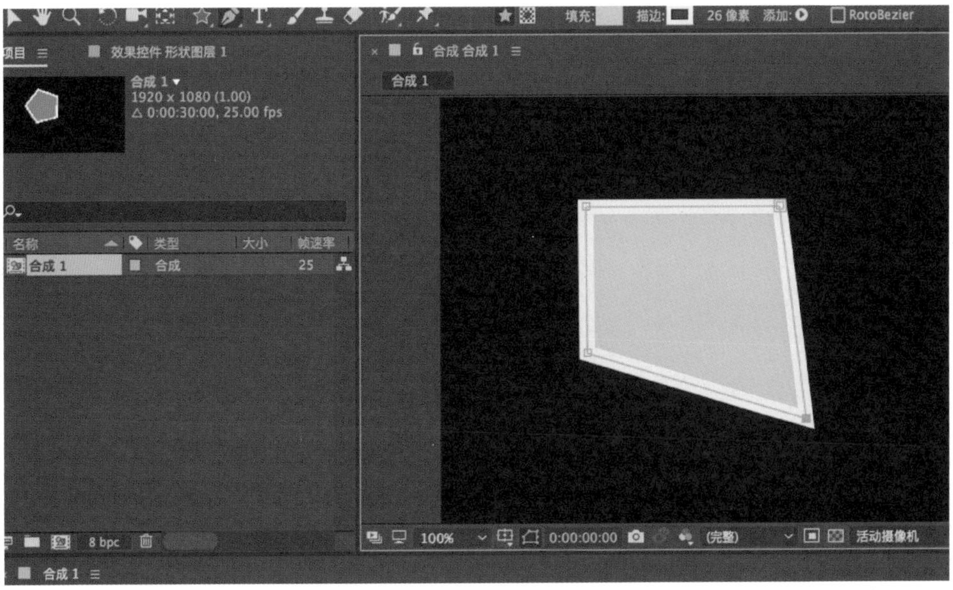

图 4-4　有弧度的角变成尖角

删除锚点有两种方法：①选中想要删除的锚点，按【Delete 键】；②按住【Ctrl 键】，把鼠标放在锚点上会出现减号，点击可删除该锚点（图 4-5）。

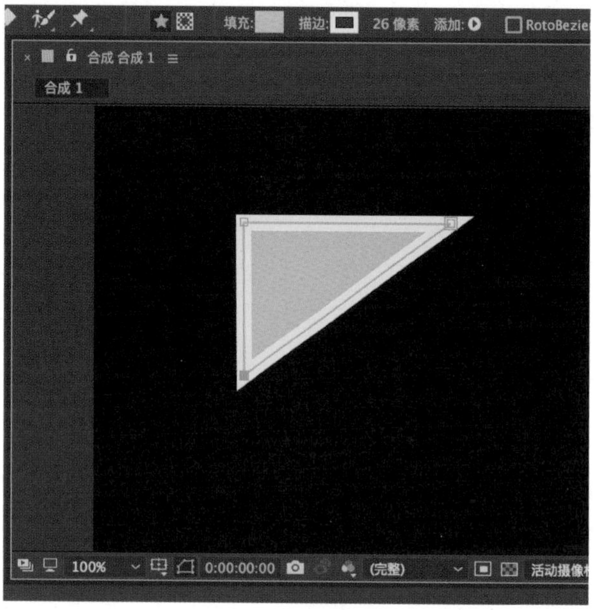

图 4-5　删除锚点

第二节　形　　状

打开 After Effects CC，新建一个合成 1。

选择图形工具，双击【多边形工具】，在视图空白区域点击拉出一个多边形，默认为正五边形（图 4-6）。

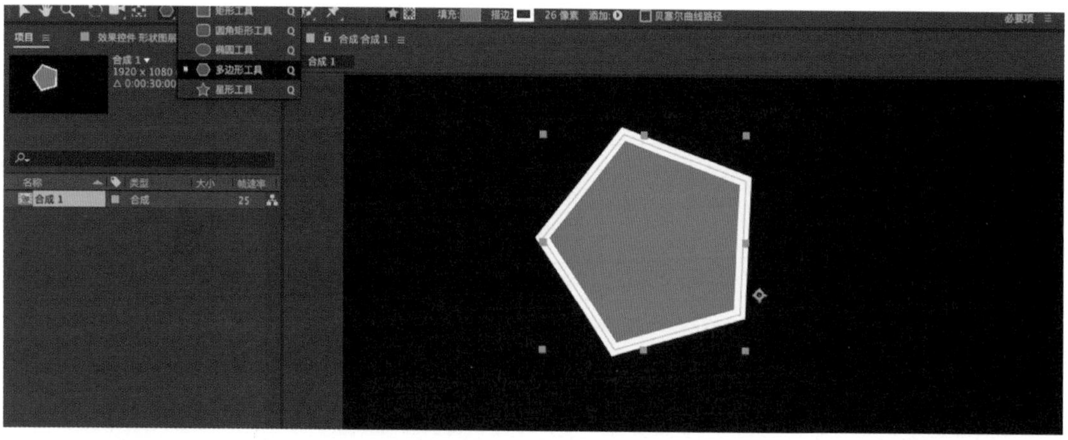

图 4-6　绘制多边形

进入图形属性，层层展开，如图 4-7 所示，找到多边形路径 1，对下一层级的属性进行设置，会发现正五边形可以发生各种变化。各种复杂的形状就出现了，可以画出很多图形（图 4-8、图 4-9）。也可以通过虚线选项调节形状边缘样式，效果如图 4-10 所示。

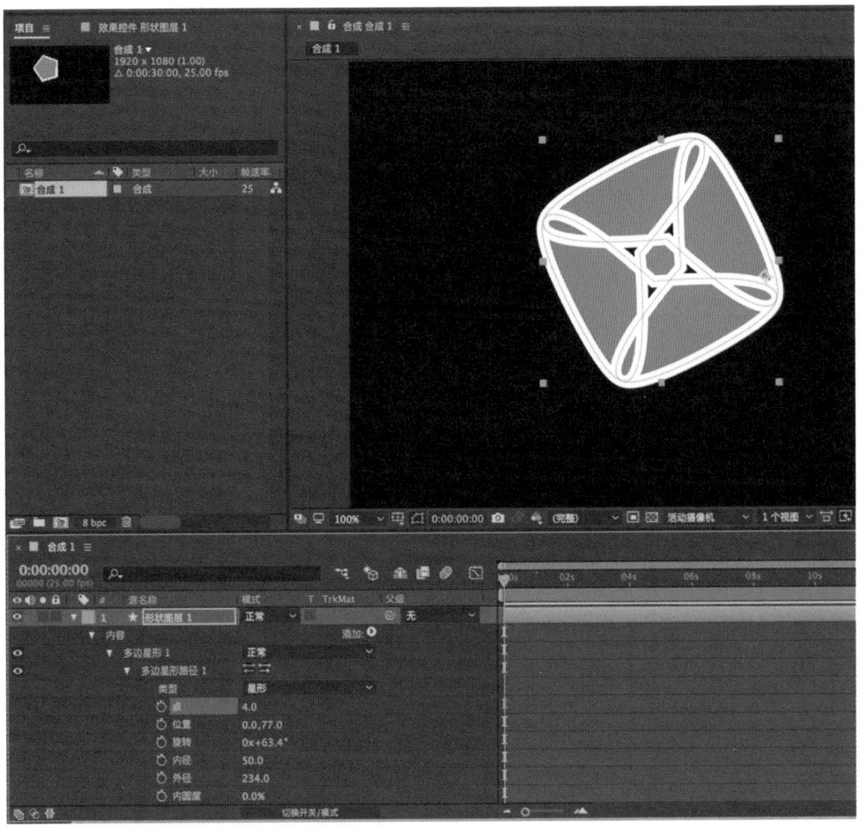

图 4-7　展示图形属性

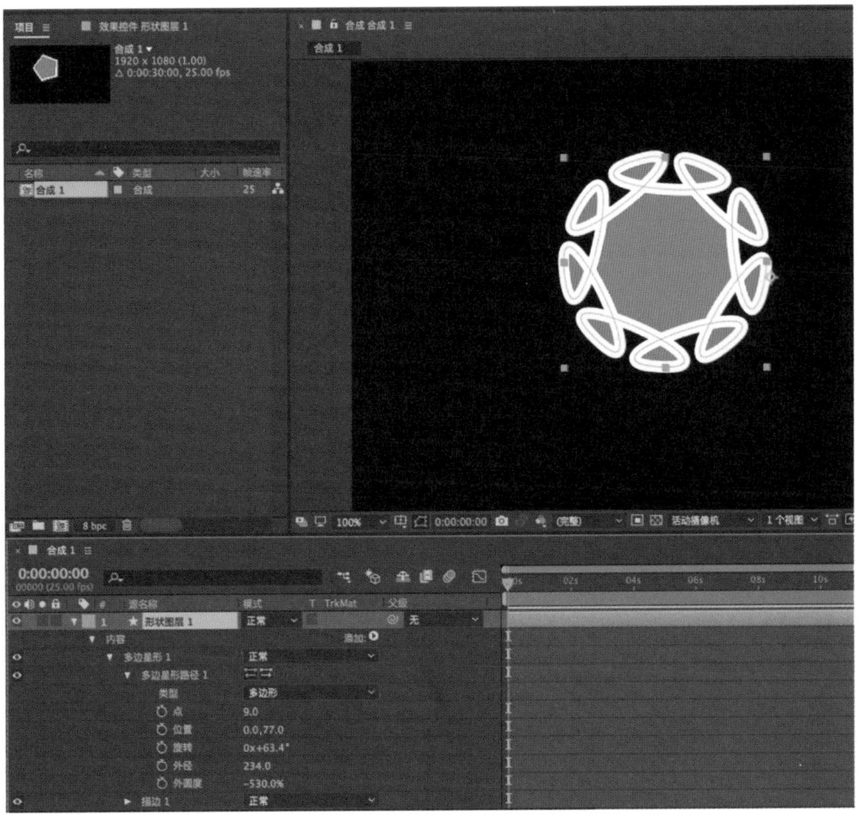

图 4-8　复杂的形状一

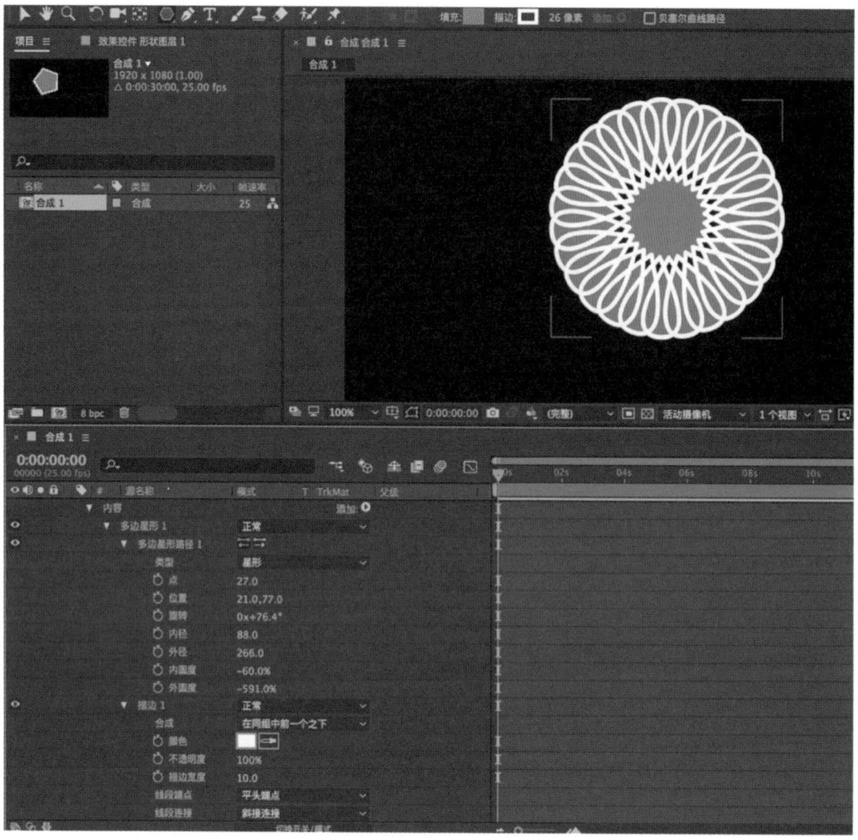

图 4-9　复杂的形状二

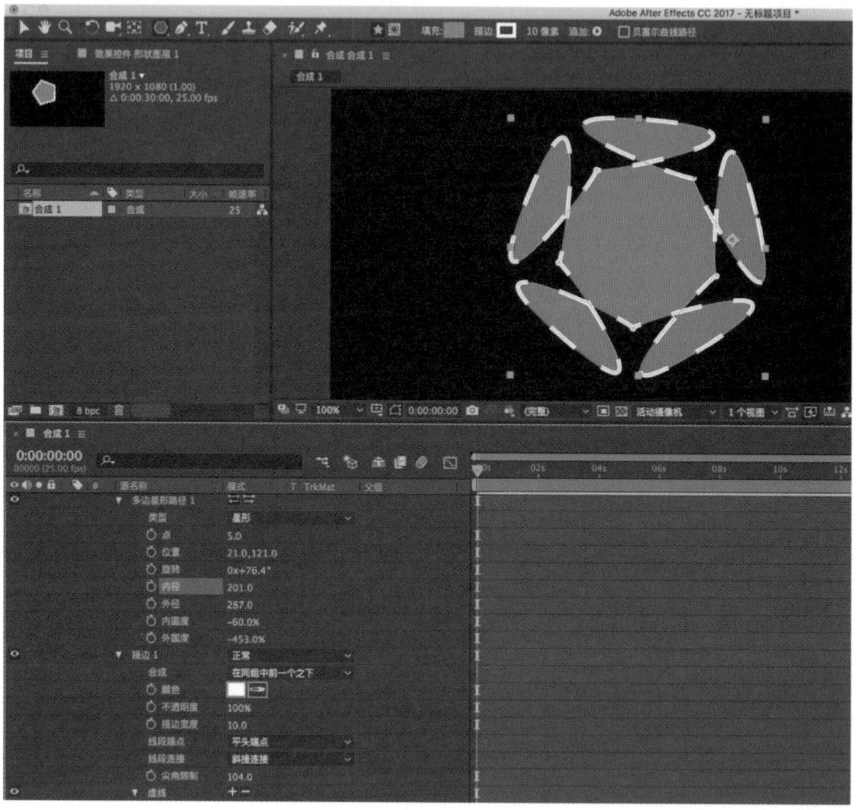

图 4-10　通过虚线选项调节形状边缘

新建一个图形，选择五角星工具，这时注意按住鼠标左键不放，点击【↑键】和【↓键】改变五角形的角数，点击【←键】和【→键】改变五角星的边弧度。经过调节，一直按【→键】直到画出一朵花（如图 4-11 所示左侧的图形），一直按【←键】直到画出一个如图 4-11 所示右侧的图形。再找到图形对应的多边星形路径，调节数值得到想要的图形（图 4-12）。

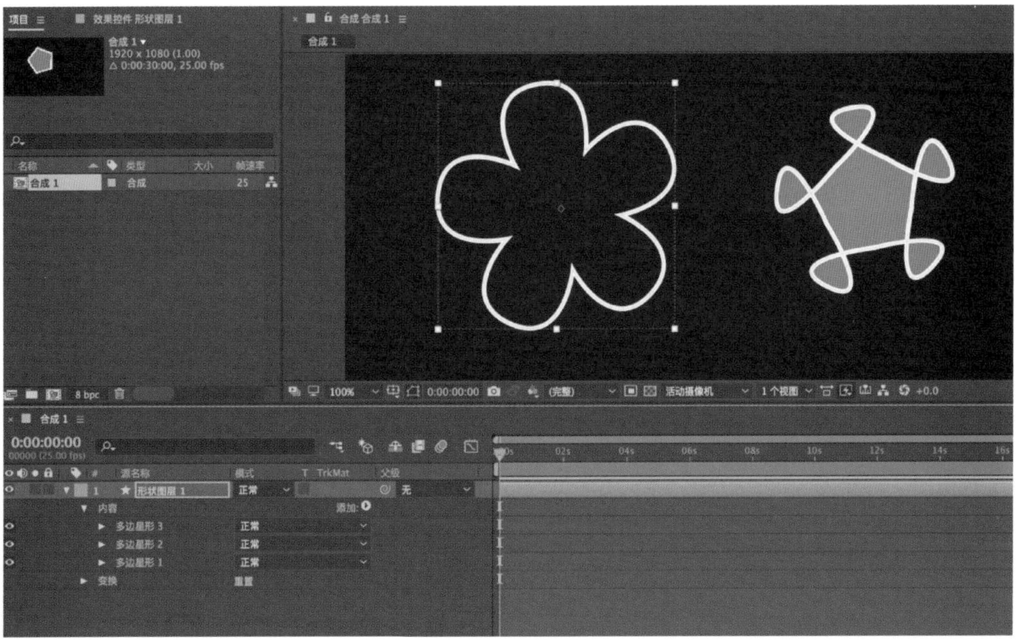

图 4-11　画出图形

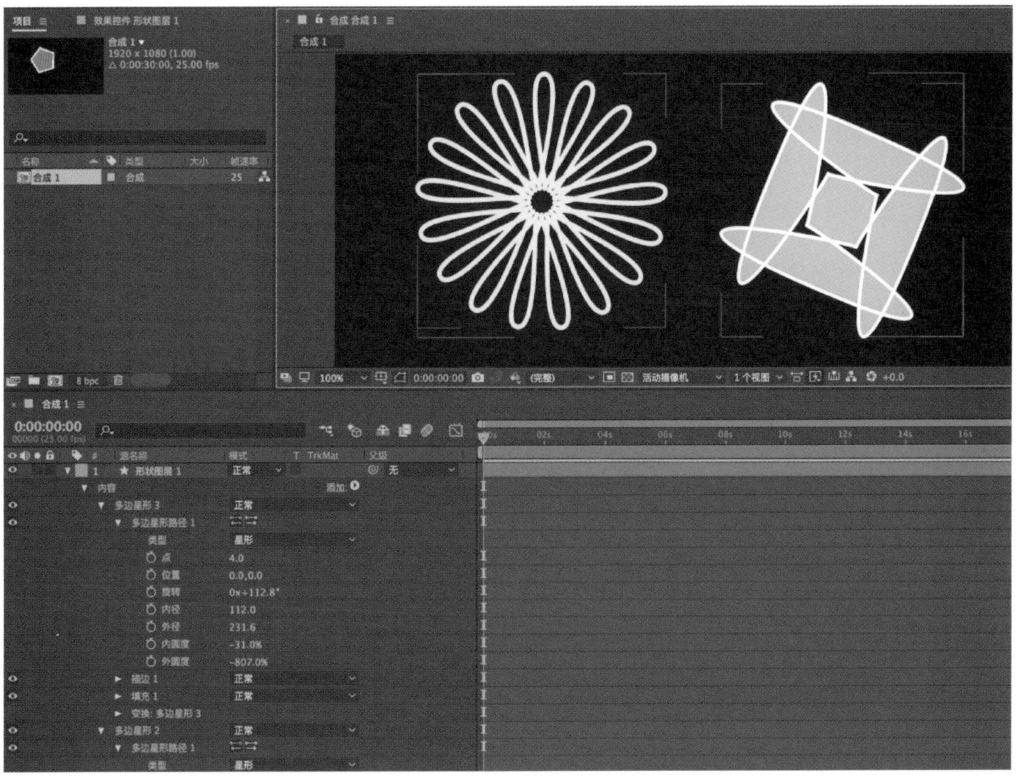

图 4-12　调节图形

思考与练习

（1）用钢笔工具画一个六边形的图案。

（2）画出一个梅花图案。

第五章

三维空间

第一节　三维空间的概述

“维”是一种度量单位，表示方向的意思，有一维、二维和三维之分（图 5-1）。由一个方向确立的空间为一维空间，一维空间呈现直线型，拥有一个方向；由两个方向确立的空间为二维空间，二维空间呈现面型，拥有长、宽两个方向；由三个方向确立的空间为三维空间，三维空间呈现立体型，拥有长、宽、高三个方向。

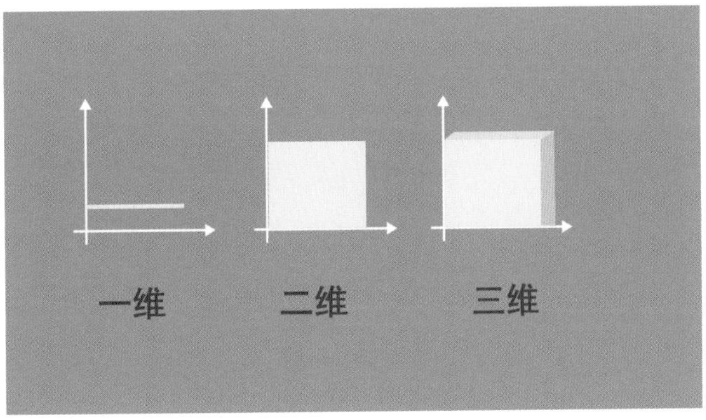

图 5-1　一维、二维和三维空间

第二节　三维空间与三维图层

三维空间是有长、宽、高三个方向的立体空间，而三维图层对应的是一个面，图层与图层之间有空间距离。在 After Effects CC 软件中三维是片面的三维，不是具体的三维图形，如图 5-2 所示。三维空间每旋转一个角度都对应一个立体面，而图层只对应一个面，每个图层之间有距离，如

图 5-3 所示。在三维图层中对应的滤镜或者遮罩都是基于该图层的二维空间。比如：在二维图层上使用扭曲效果，图层发生扭曲现象，但当该图层转换为三维图层之后，发现该图层依然是二维的，对三维空间没有影响。

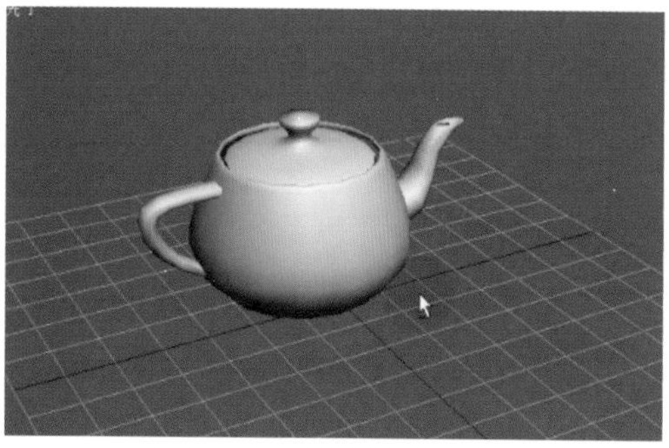

图 5-2　片面的三维

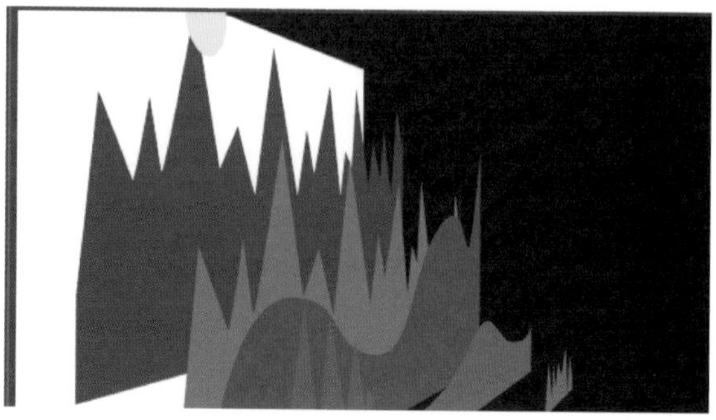

图 5-3　三维空间

（1）新建场景合成图层时，把素材放进轨道，并点击 3D 图层按钮 ，如图 5-4 所示。

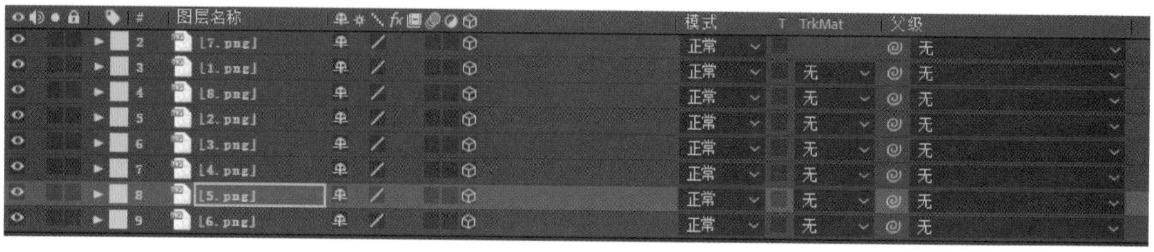

图 5-4　点击 3D 图层按钮

（2）拉伸图层之间的距离，点击 3D 图层按钮后，控制面板中出现 Z 轴，这也是三维图层的标志。将每个图层在 Z 轴进行调节，根据需求调节每个图层 Z 轴的数值。图 5-5 是已经完成的 3D 场景，合成场景中可以添加多个摄像机，从不同的角度和距离观察图层调节的数值。

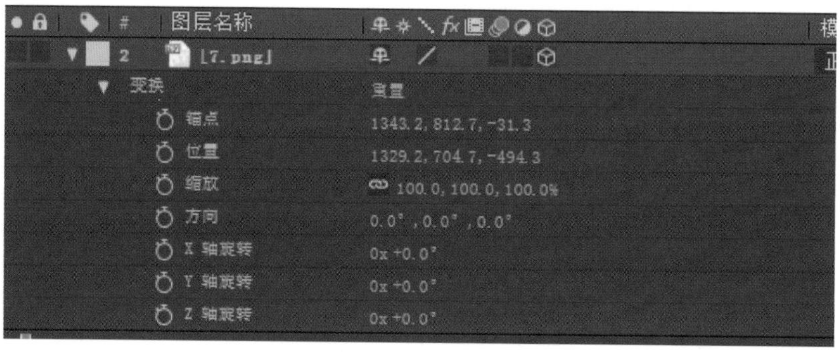

图 5-5　完成 3D 场景

（3）调节好之后的各个图层如图 5-3 所示。

第三节　三维摄像机

三维摄像机可以使我们从不同的角度观察已经完成的 3D 场景，合成场景中可以添加多个摄像机，从不同的角度和距离观察 3D 图层。主要的优势在于通过摄像机来观察合成的图像时，可以使人感受到更逼真的场景效果。具体操作如下。

（1）新建场景，把素材放进轨道，并点击 3D 图层按钮，调节草地参数，如图 5-6 所示，得到草地形状，如图 5-7 所示。

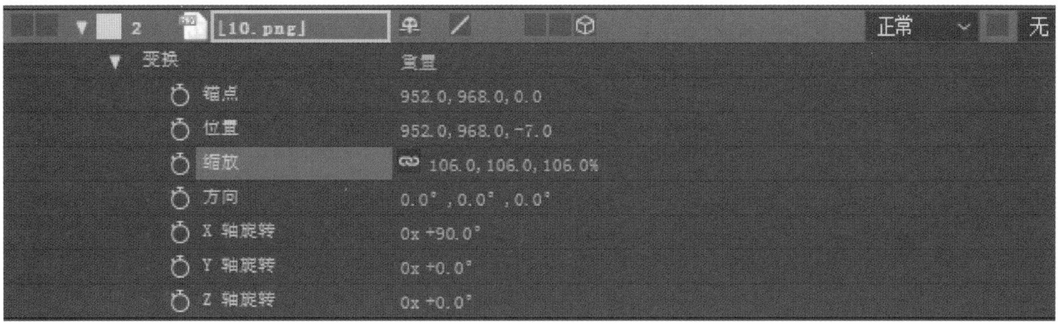

图 5-6　调节草地参数

图 5-7　草地形状

（2）调节背景图层，参数设置如图 5-8 所示，得到的效果如图 5-9 所示。

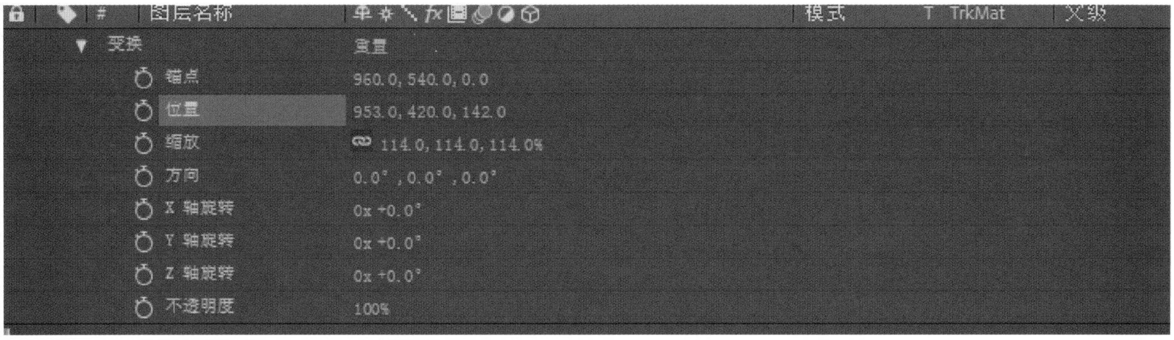

图 5-8　设置草地参数

图 5-9　草地效果

（3）调节树苗图层，具体参数如图 5-10 所示，效果如图 5-11 所示。

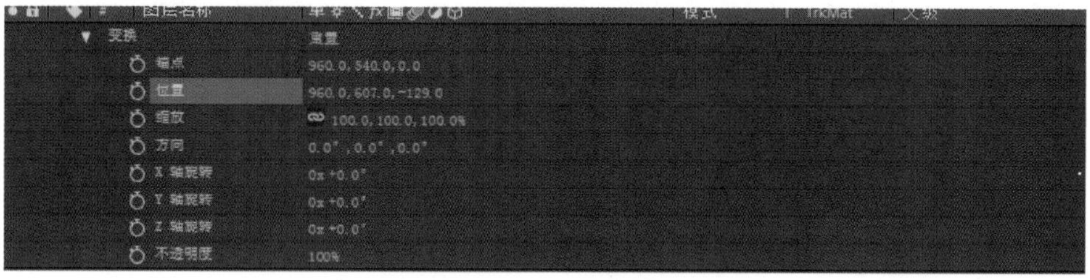

图 5-10　设置树苗参数

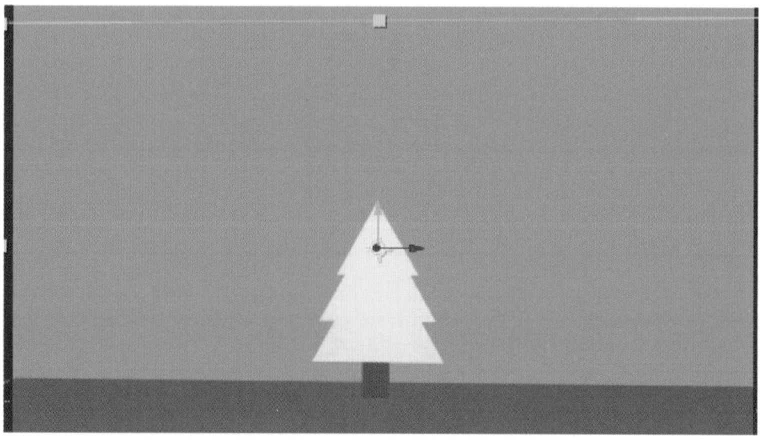

图 5-11　树苗效果

（4）取消所有选中图层，选择【图层 - 新建 - 摄像机】命令。参数设置为【50 毫米】，其他选项不变，如图 5-12 所示。

（5）新建摄像机之后，可以在合适位置长按鼠标选取关键帧，如图 5-13 所示。（注意：选取关键帧时点击工具栏摄影机按钮 ，长按鼠标左键是移动位置，长按右键是改变大小，长按滚轮是移动整个场景。）

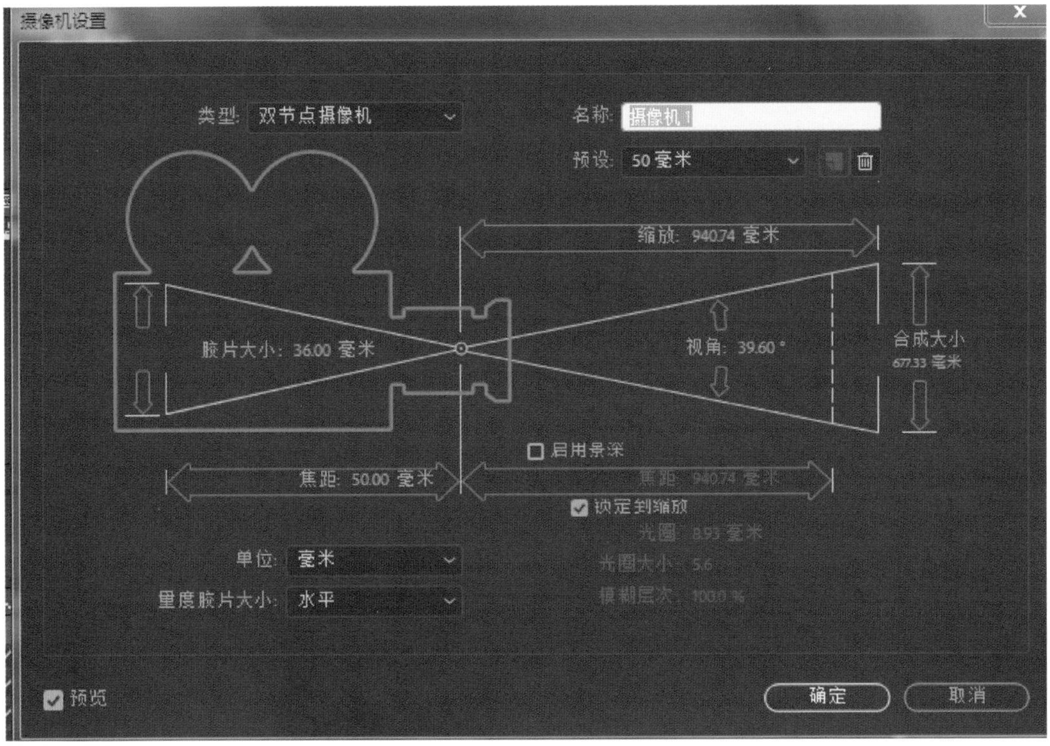

图 5-12　设置参数为 50 毫米

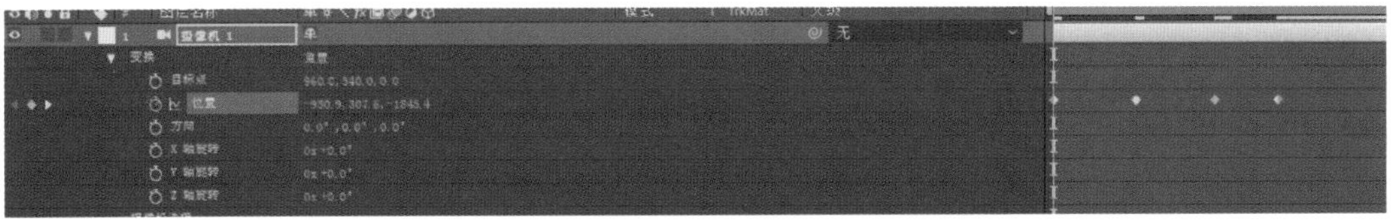

图 5-13　选取关键帧

（6）选取摄像机位置关键帧之后，每帧对应的效果如图 5-14 所示。有时需要根据实际需要选取关键帧。

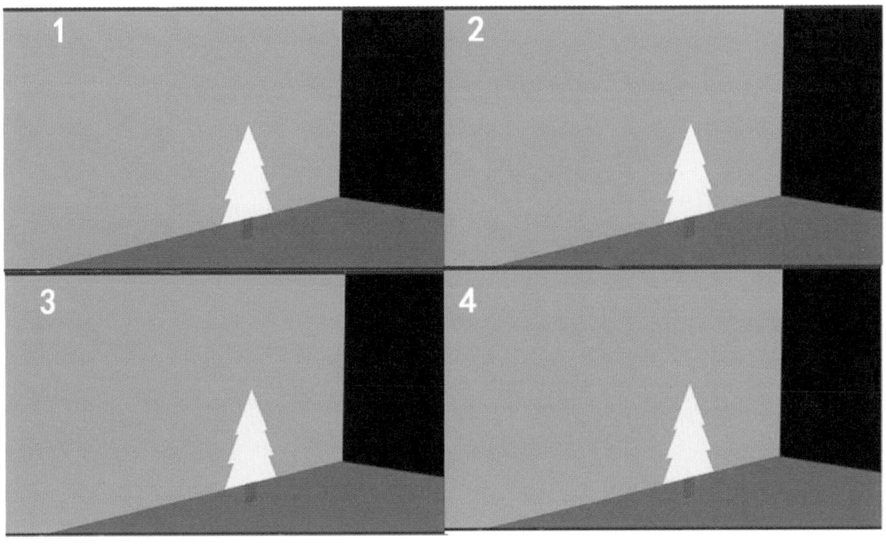

图 5-14　每帧对应的效果

第四节　灯　　光

在 After Effects CC 中，灯光也是以图层的方式引入到场景中的，在同一个合成场景中使用多个灯光图层可以产生特殊的光照效果。

（1）取消所有选中图层，选择【图层 – 新建 – 灯光】命令。

（2）在系统弹出的灯光设置中，对灯光的类型、强度、角度等进行调节（图 5–15）。一般设置如下：【灯光类型】为“点”；【颜色】设置为 R=255，G=235，B=195；【强度】为“100%”，【锥形角度】为“90°”；【锥形羽化】为“50%”；【阴影深度】为“50%”；【阴影扩散】为“150px”。

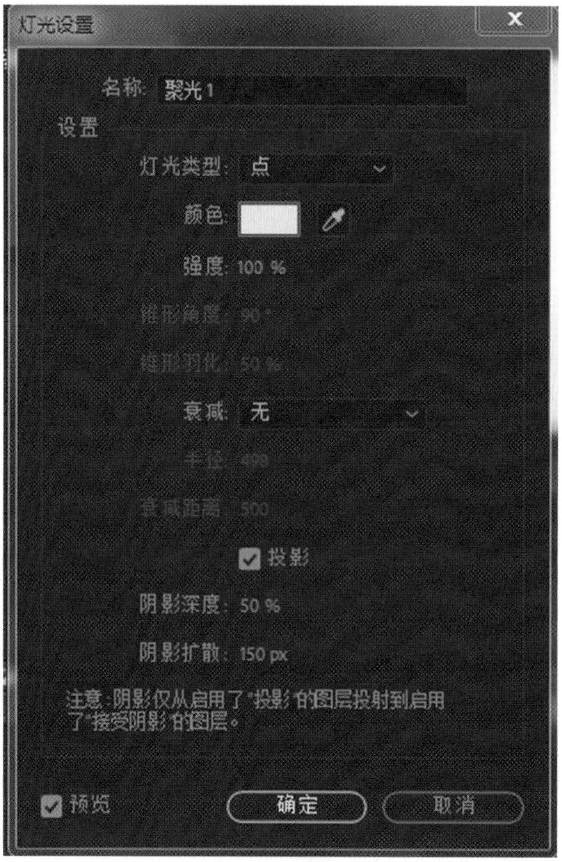

图 5–15　灯光参数设置

（3）新建灯光之后可以调节参数值，在 1s 之内对强弱、颜色、衰减等选取合适参数，并选取关键帧，使场景更加生动，如图 5–16 所示。

图 5–16　选取关键帧

（4）灯光位置的关键帧对应的效果如图 5-17 所示。

图 5-17　灯光位置的关键帧对应的效果

思考与练习

(1) 什么是三维空间?

(2) 用三维摄影机和灯光设计并制作一栋房子。

第六章

文　　字

第一节　创建与优化文字

在 After Effects CC 中可以灵活、精确地添加文本。在 Composition 面板中，可以直接在屏幕上创建和编辑横版或竖版文本，快速改变文本的字体、风格、大小和颜色。可以修改单个字符，也可以设置整个段落的格式选项，包括文本对齐方式、边距和自动换行。除了这些，After Effects CC 还可以将指定字符和属性处理成动画。

（1）点击工具栏中的文字工具创建文本图层，如图 6-1 所示。

图 6-1　创建文本图层

（2）右侧是操作面板，主要是设置字符和段落，包括字体、字间距、颜色、大小、行距和间距等的调整，如图 6-2 所示。

（3）调整好字体、字间距、颜色、大小、行距和间距等，效果如图 6-3 所示。

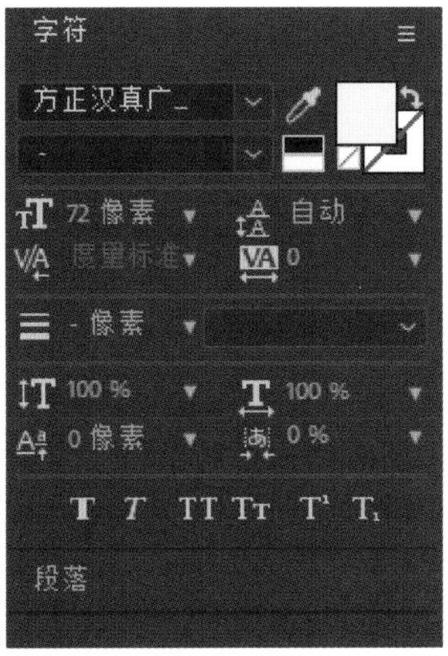

图 6-2　字符和段落的设置

图 6-3　文本设置后的效果

第二节　文字动画

文字动画能够将单个字处理成动画。主要的优势在于字体动画可以使人感受到活跃的场景效果，增加场景的生动性。具体操作如下。

（1）新建文本图层，打开字体图层控制面板，点击动画，出现选择面板，选择【缩放】，如图 6-4 所示。

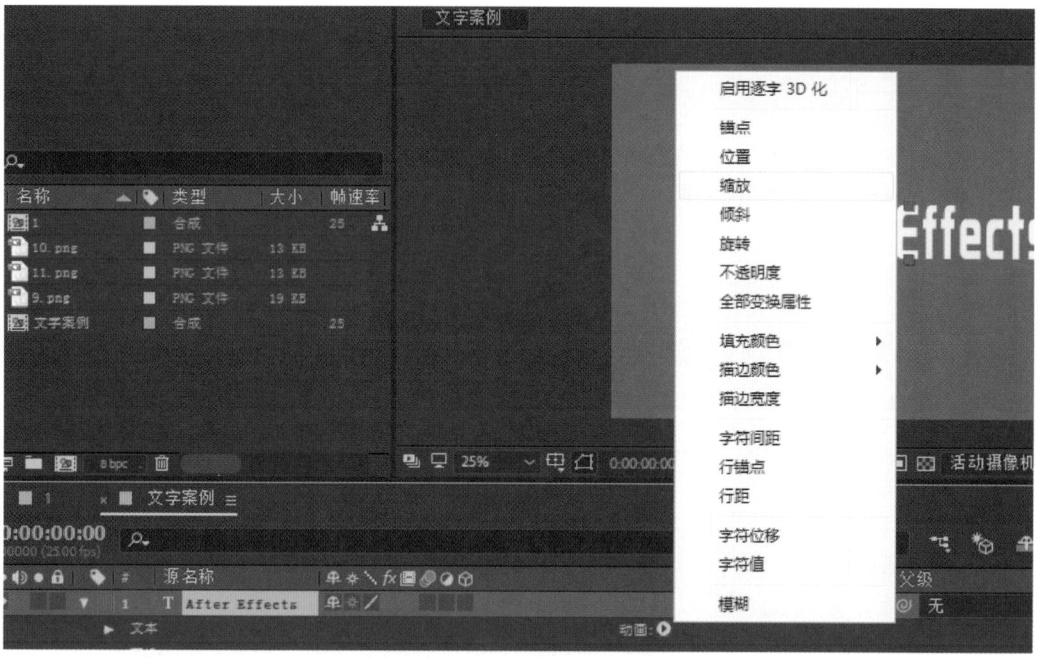

图 6-4　选择【缩放】

（2）文本图层的控制面板会出现动画制作工具，调节缩放值为 300%，如图 6-5 所示。

图 6-5　调节缩放值

（3）点击【范围选择器】，调节起始值为 30%，结束值为 100%，文本发生变化，如图 6-6 所示。调整好起始和结束值之后，设置偏移参数值并设置关键帧分别在 −100% 和 70% 处。

图 6-6　设置偏移参数值

关键帧对应效果图如下，注意标准的关键帧处的字体应该与原字体大小一致，为方便观察，选取的 -100% 关键帧后面一点的效果图如图 6-7 所示，70% 前面一点的效果图如图 6-8 所示。

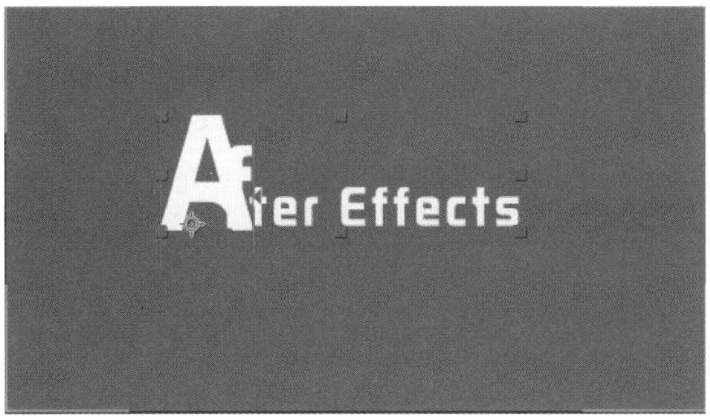

图 6-7　效果图一

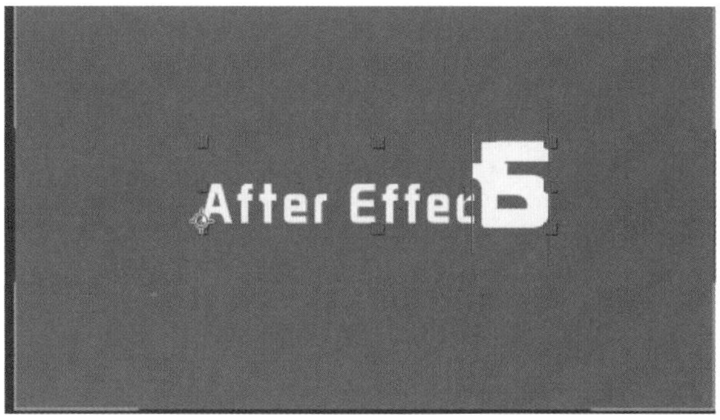

图 6-8　效果图二

（4）点击下方的高级选项，在设置面板中可以看到操作选项，数值设置如图 6-9 所示。【依据】选项调节缩放的根据，比如字符、词等；【形状】选项可以调节缩放的形态；【缓和高】与【缓和低】调节形状的弧度，使缩放更加自然。调节之后可以预览文本动画，效果如图 6-10 所示。

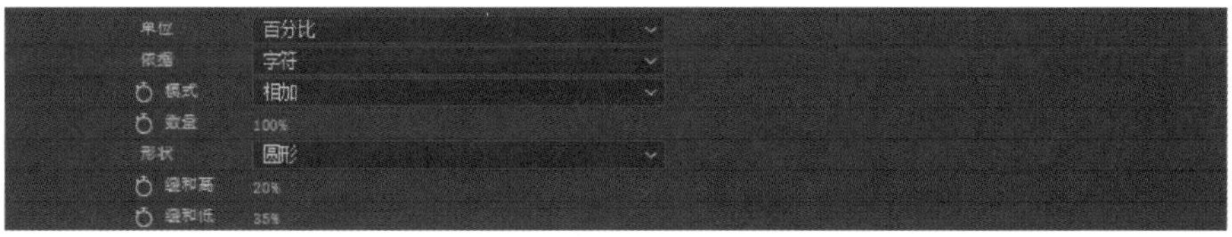

图 6-9　数值设置

图 6-10　文本动画

第三节　文字的拓展

文字的应用很多都是增加文字效果方式，增加文字的应用广度和深度，如路径文字、模糊文字、变动文字、倾斜文字、发光文字等，以下以常用的路径文字、模糊文字、变动文字为例讲解。

1. 操作示例一

（1）新建文本图层，打开字体图层控制面板，输入文字。

（2）选中文本图层，并用钢笔工具绘制文字路径，绘制文字路径后，点击选择工具退出绘制，如图 6-11 所示。

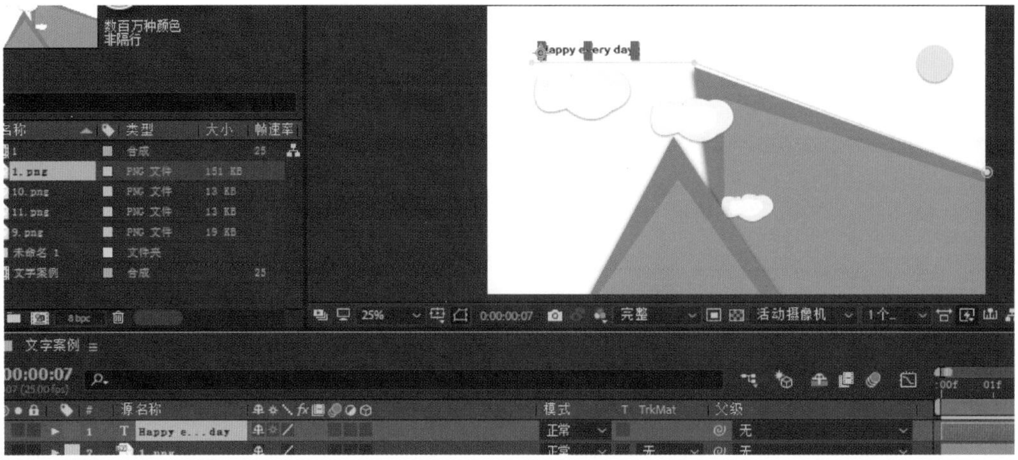

图 6-11　绘制文字路径

（3）打开文本图层的设置面板，点击路径选项，在【路径】工具选择“蒙版 1”，【反转路径】、【垂直于路径】和【强制对齐】状态为“开”，【首字边距】和【末字边距】调节到图层外，如图 6-12 所示。此时在首字边距设置关键帧，数值设置如图 6-13 所示（操作时数值以把文字调节到图层外为准）。

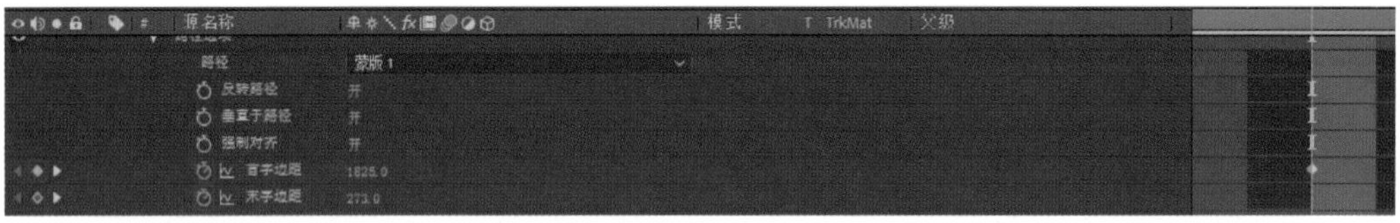

图 6-12　设置参数

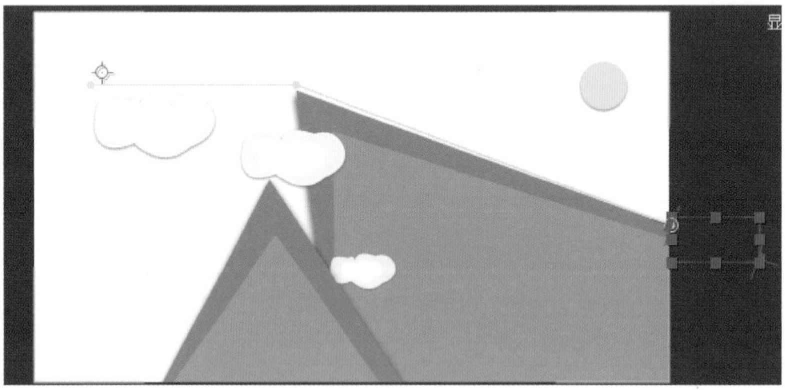

图 6-13　效果图

（4）首先在首字边距图层外设置关键帧，其次调整首字边距到路径的前端，然后设置关键帧，同时在末字边距都在图像外时设置关键帧，最后调整末字边距，在时间轴上再次设置关键帧，如图 6-14 所示。中间关键帧效果如图 6-15 所示。预览合成图像如图 6-16 所示。

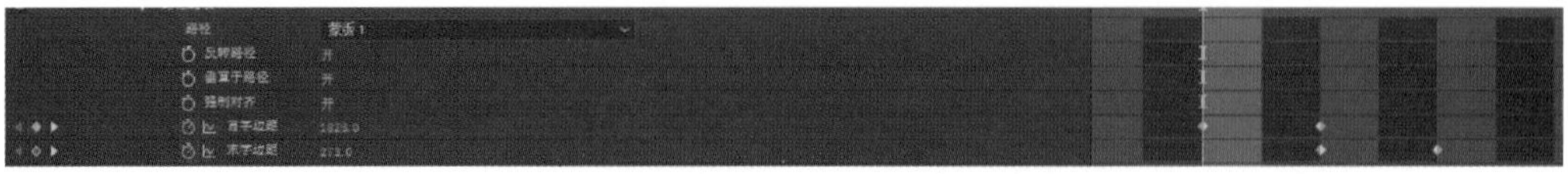

图 6-14　设置关键帧

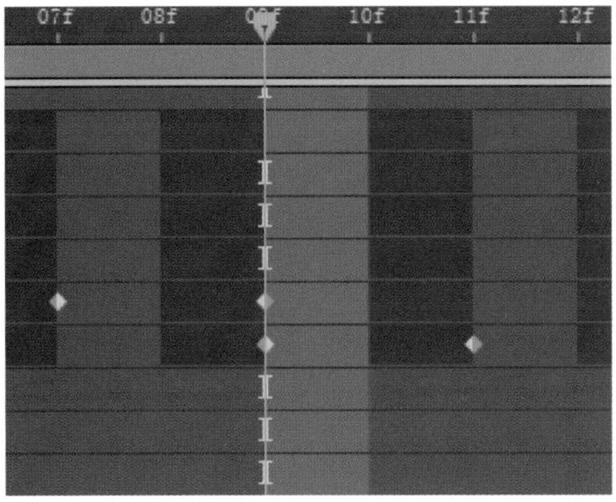

图 6-15 中间关键帧效果

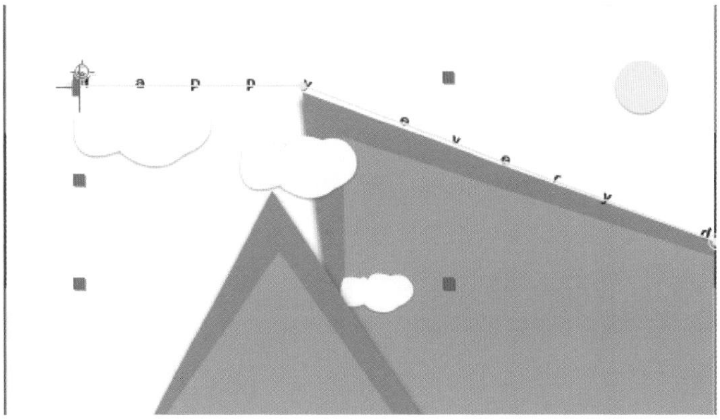

图 6-16 预览合成图像

2. 操作示例二

（1）新建文本图层，并打开字体图层控制面板，输入文字。

（2）打开文字图层控制面板，点击动画添加缩放。之后点击动画制作工具右侧的【添加】，如图 6-17 所示，选择【模糊】和【不透明度】。首先设置【缩放】值为 300%，【模糊】值设置为 70%，暂不设置不透明度，方便后面观察效果，如图 6-18 所示。

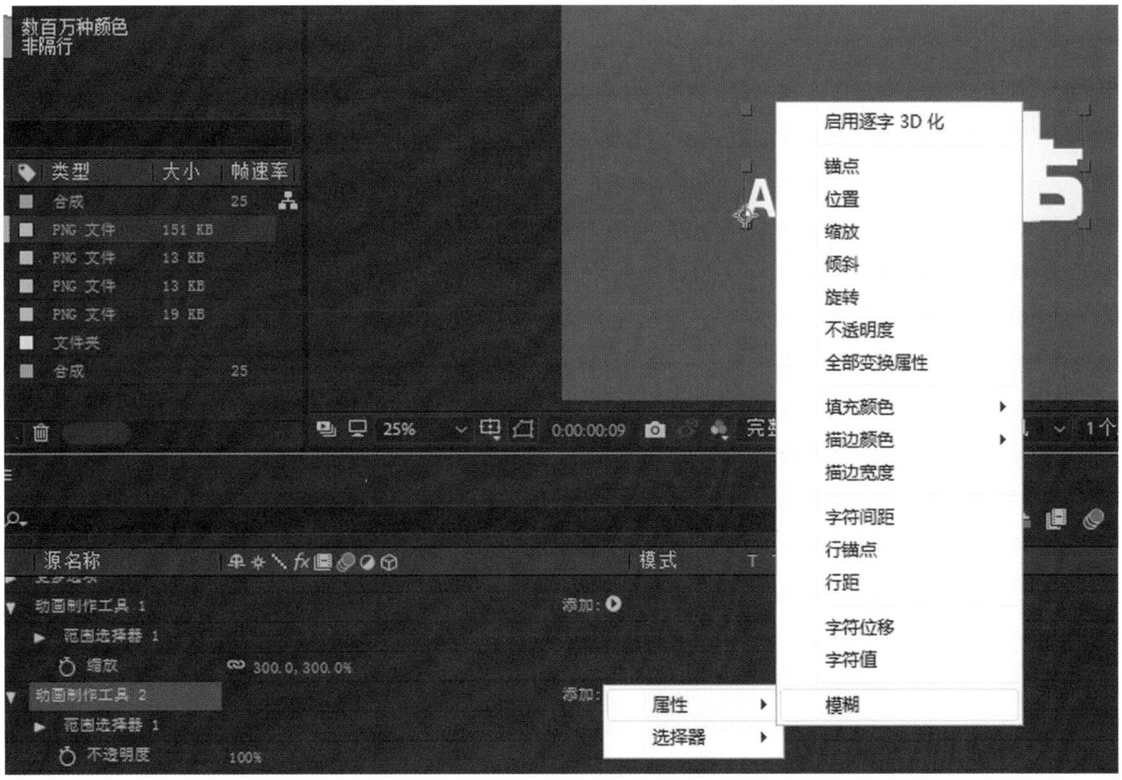

图 6-17 点击【添加】

（3）打开【范围选择器】，偏移在 0 s 处设关键帧且偏移值为 0%，之后在 1s 处设关键帧且偏移值为 −100%。最后把不透明度调节为 0 即可。基本效果如图 6-19 所示。

（4）调整细节，打开【范围选择器】下面的高级选项。控制面板【形状】设为“下斜坡”，【缓

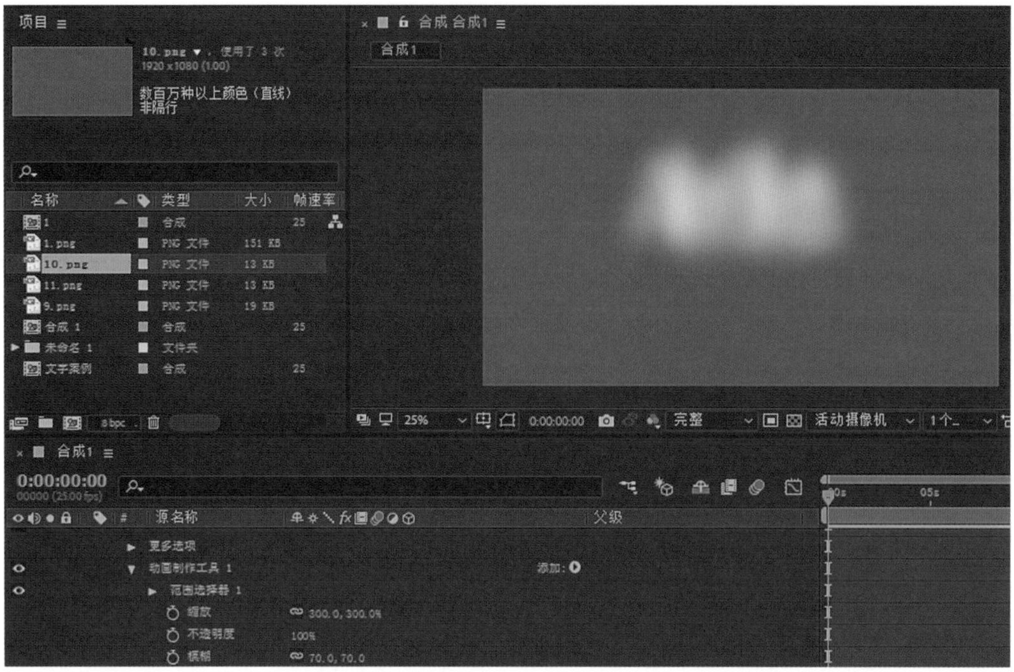

图 6-18　设置【缩放】值和【模糊】值

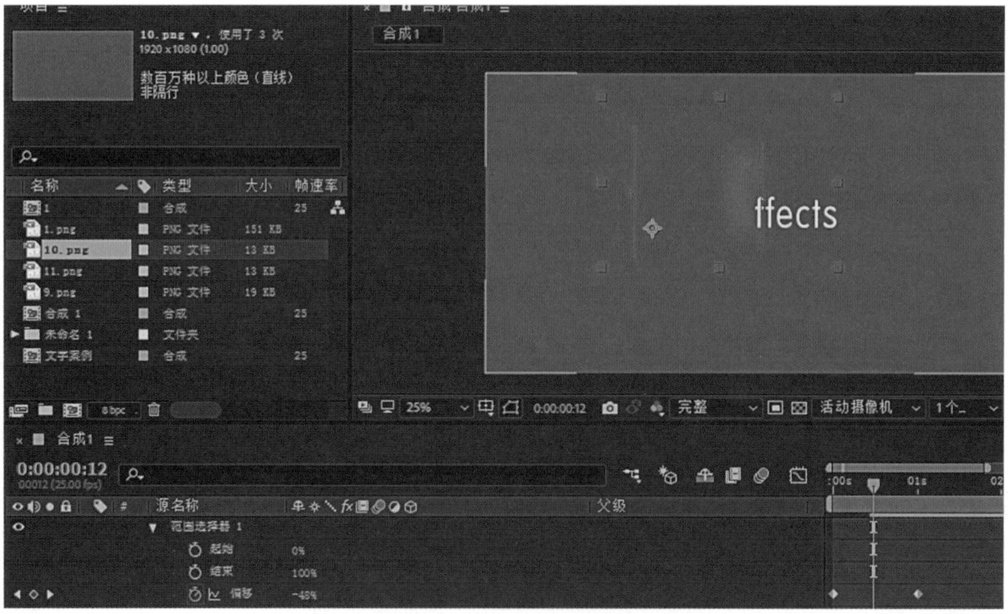

图 6-19　基本效果图

和高】和【缓和低】也可以根据效果自己调节，这里就不进行设置，如图 6-20 所示。

3. 操作示例三

（1）新建文本图层，打开字体图层控制面板，输入文字，如图 6-21 所示。（变动文字是指阿拉伯数字的变动，中文的变动会有所不同。）

（2）按快捷键【P 键】，打开【位置】属性，分别设关键帧，使数字从左侧进入，如图 6-22 所示，使“公里”从右侧进入，如图 6-23 所示。具体的位置决定于字体移动的速度，这里选取的是 1s 之后。

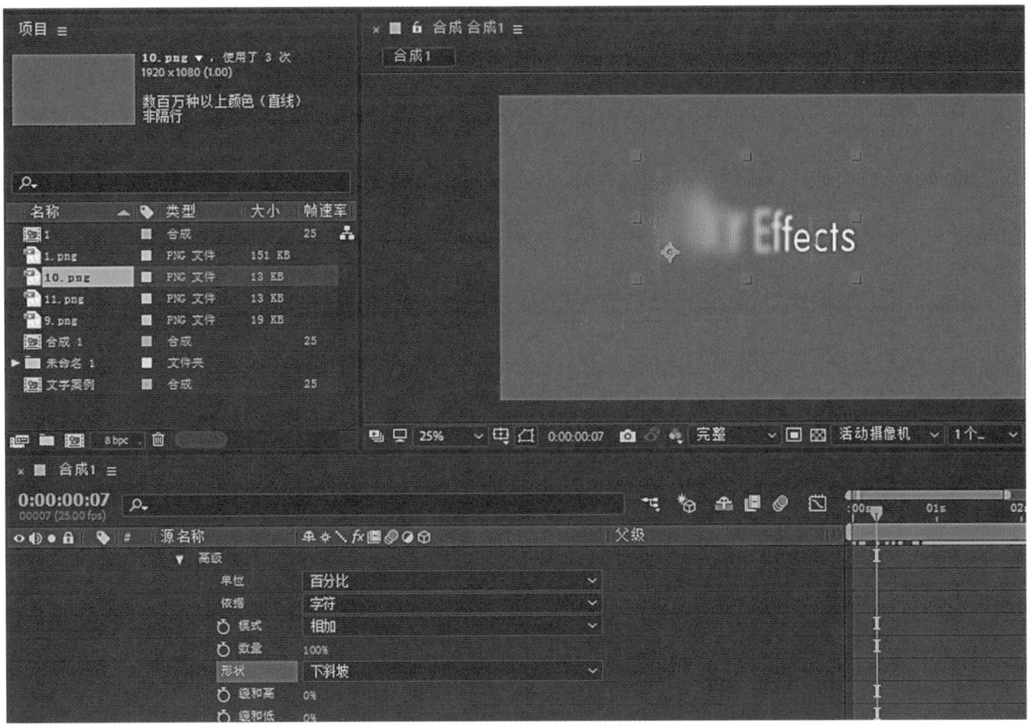

图 6-20　设置【范围选择器】的高级选项

图 6-21　输入文字

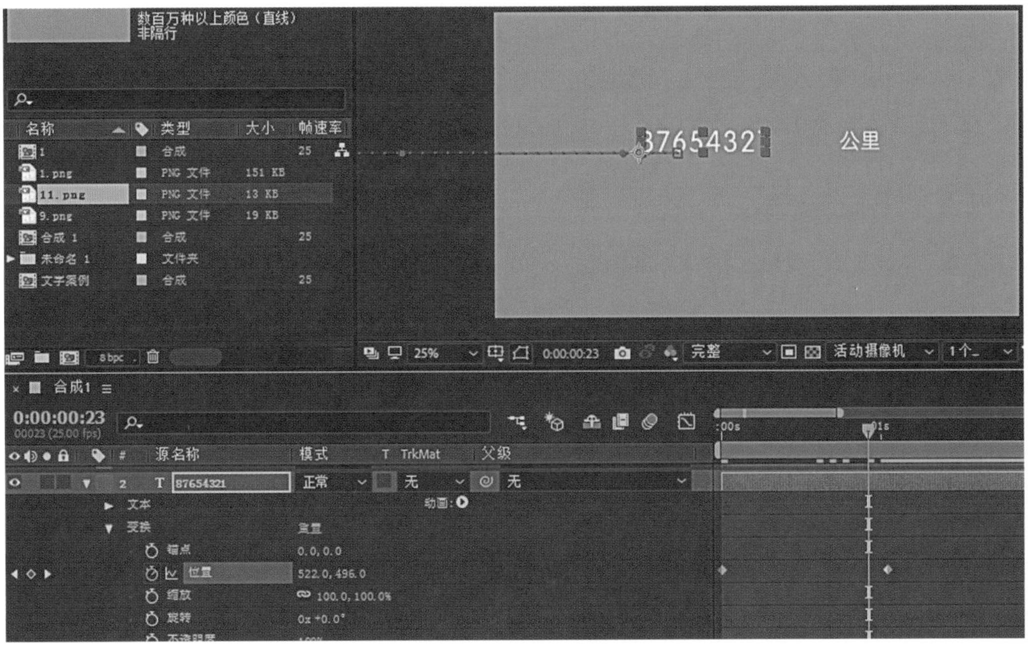

图 6-22　数字从左侧进入

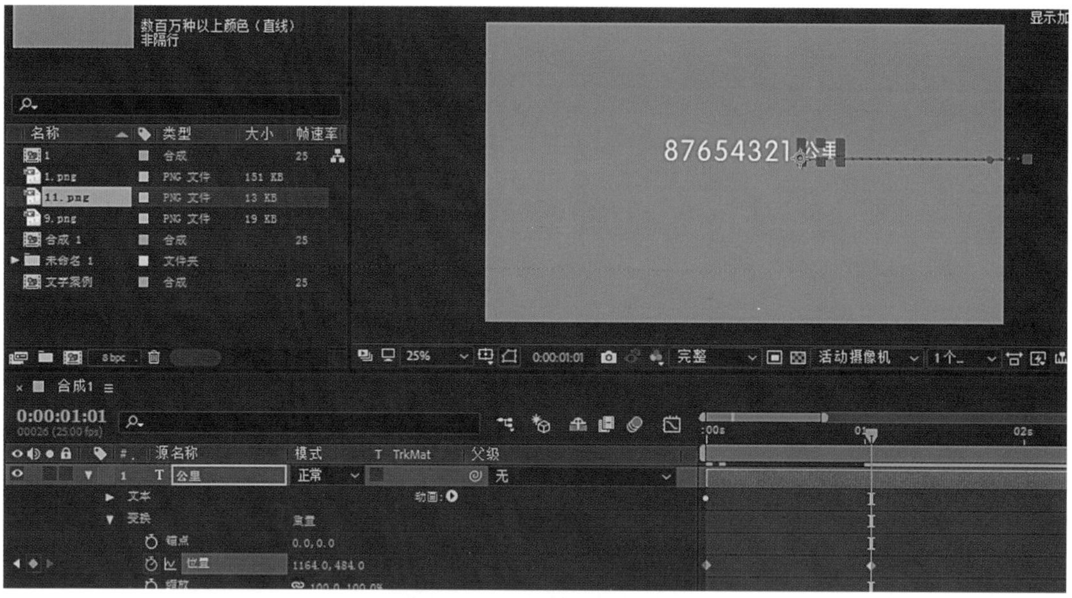

图 6-23　“公里”从右侧进入

（3）使数字变动，打开文字图层控制面板，点击【动画 - 字符位移】，如图 6-24 所示。

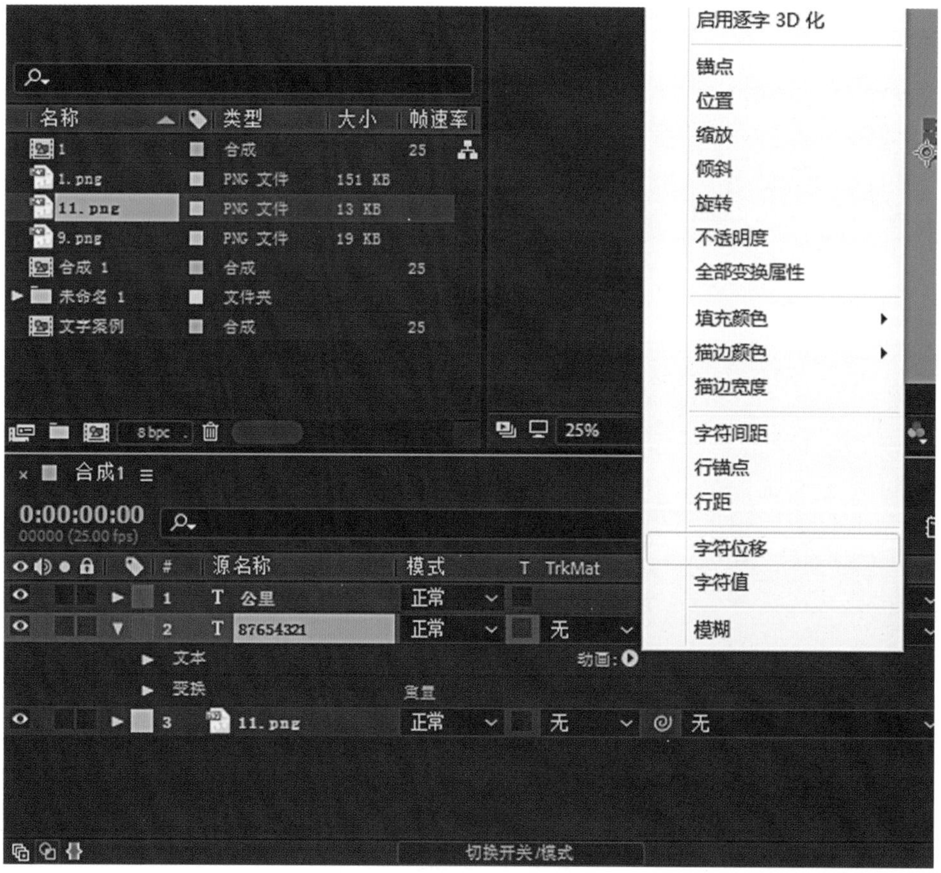

图 6-24　点击【字符位移】

（4）关键帧开始时字符值为 0，2s 之后调节字符值为 400，数字在不断改变，如图 6-25 所示。

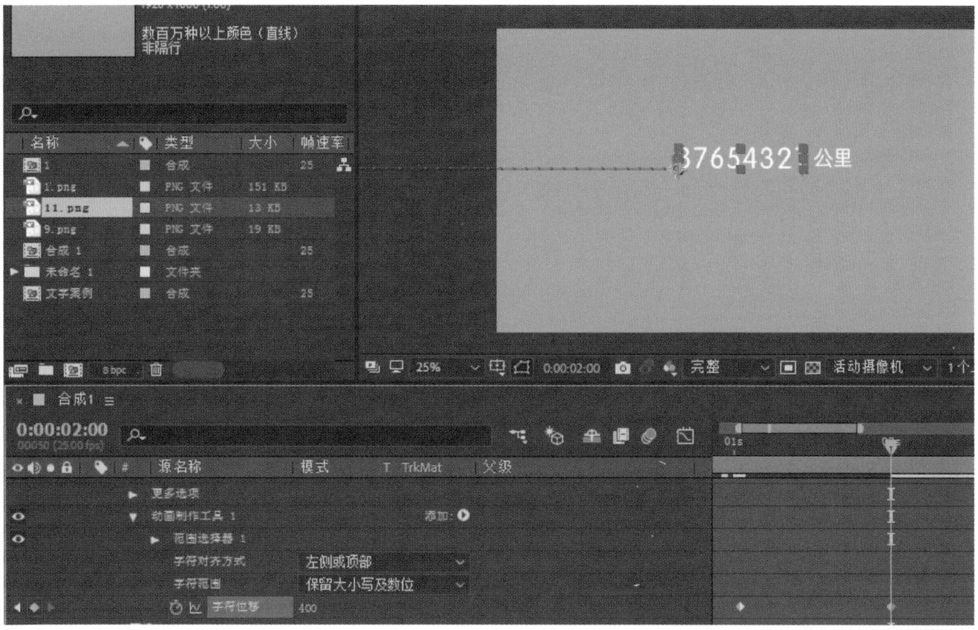

图 6-25　调节字符值

（5）打开【范围选择器】，给偏移设置关键帧，使得数字变换后还是预期的数字。在字符位移的中间位置给偏移图层设置关键帧，偏移值为 0%。2s 之后再设置关键帧，偏移值为 100%（图 6-26）。

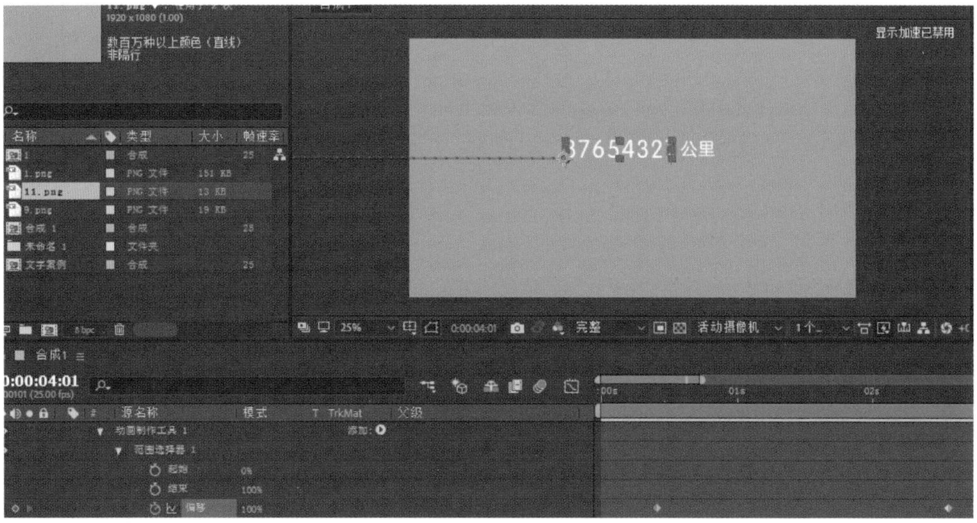

图 6-26　设置关键帧

第四节　使用滤镜创建文字

在 After Effects CC 中，可以使用滤镜来创建文字，即使用选择工具栏上方的【效果 - 文本】菜单中的子命令来创建文字效果。可以创建文字的滤镜主要有【编号】滤镜和【时间码】滤镜，如图 6-27 所示。

1. 操作示例一

（1）【编号】滤镜主要用来创建各种数字效果，对创建数字的变化效果非常有用。控制面板的参数设为：勾选【在原始图像上合成】，【数值 / 位移 / 随机最大】为“260.00”，【小数位数】设为“3”，【填充颜色】选择红色，【描边颜色】选择白色，【大小】设为“50.0”，【字符间距】设为“26”，如图 6-28 所示。

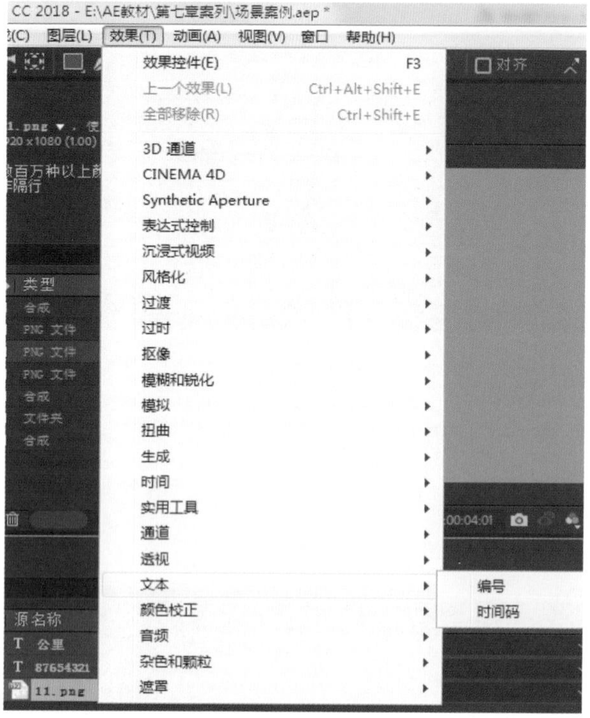

图 6-27 【编号】滤镜和【时间码】滤镜

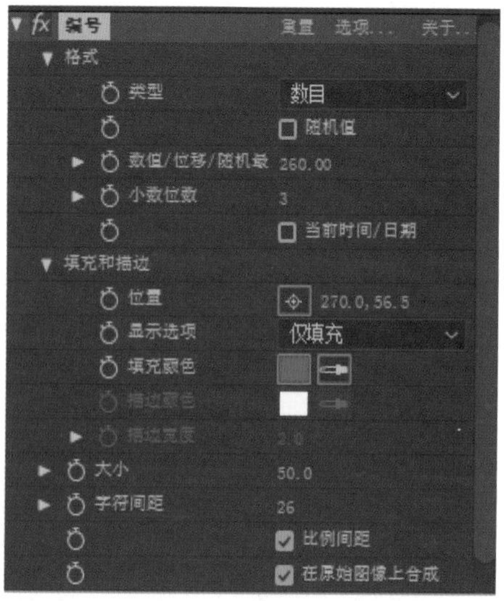

图 6-28 参数设置

（2）调整好参数值之后，效果如图 6-29 所示。

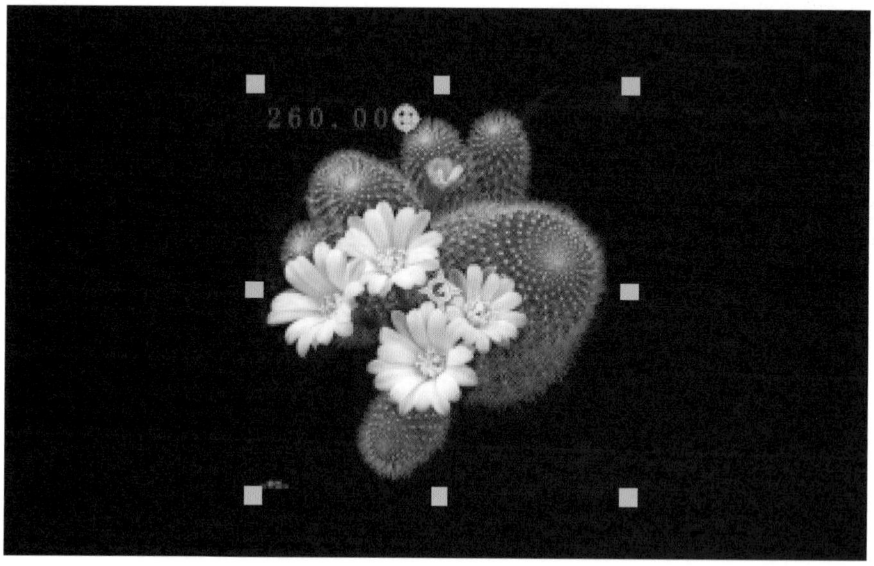

图 6-29 【编号】滤镜的效果图

小贴士

数字效果控件

【数值 / 位移 / 随机最大】：屏幕内输入的数值。

【小数位数】：输入数值的小数点后的位数。

【填充颜色】：修改数值的颜色。

【大小】：调节文字的大小。

【字符间距】：调节数值之间的间距。

【不透明度】：调节时间码的透明程度，一般根据需要自行调节。

2. 操作示例二

（1）【时间码】滤镜主要用来创建各种时间码动画，与【编号】滤镜中的时间码效果类似，控制面板的参数如图 6-30 所示，【文本颜色】选择红色，【方框颜色】选择白色。

（2）调整好参数值之后效果如图 6-31 所示。

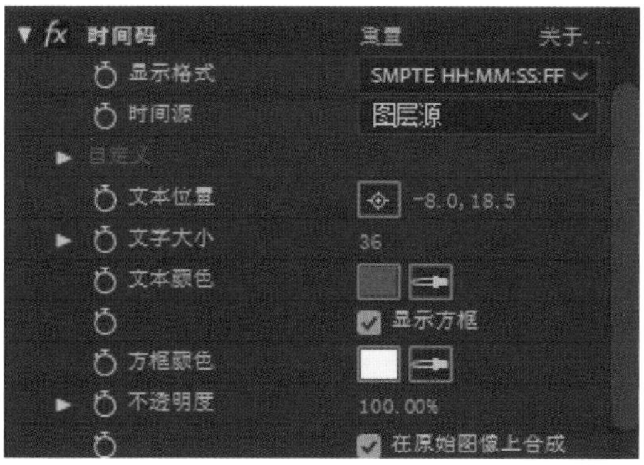

图 6-30 【时间码】滤镜的参数设置

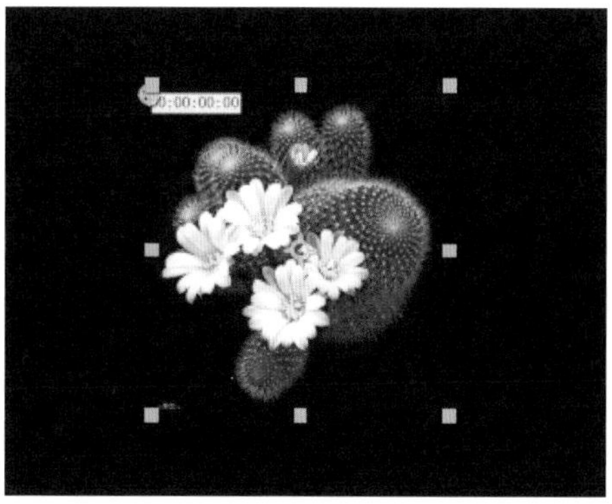

图 6-31 【时间码】滤镜的效果图

小贴士

时间码内的控件

【文本位置】：调节内容在画布内的位置，可以自行调节。

【文字大小】：调节文字的大小。

【文本颜色】：修改文字内容的颜色。

【方框颜色】：修改屏幕的框的颜色。

【不透明度】：调节时间码的透明程度，一般根据需要自行调节。

思考与练习

（1）设计一个“美好未来”的动画。

（2）用模糊文字设计“美好未来”。

第七章

色 彩 校 正

第一节 主 要 滤 镜

滤镜就是对图层的效果进行调节，来实现图像的各种特殊效果。滤镜之所以受到人们的喜爱，是因为它功能强大，能对图层进行处理，制作出精美的艺术效果。After Effects CC 可以为图像增加各种不同的滤镜，使影片具有较高的艺术欣赏价值。以下介绍 After Effects CC 的主要滤镜。

1. 曲线滤镜

【曲线】滤镜的功能与色阶滤镜比较类似，但是曲线滤镜可以通过调节指定的影调来调节指定范围的影调对比度，达到修饰影片的作用，如图 7-1 所示。

在【效果控件】面板中展开【曲线】滤镜的属性，调节曲线左下方加深暗部，调节右上方提亮亮部，如图 7-2 所示。

图 7-1 曲线滤镜的效果

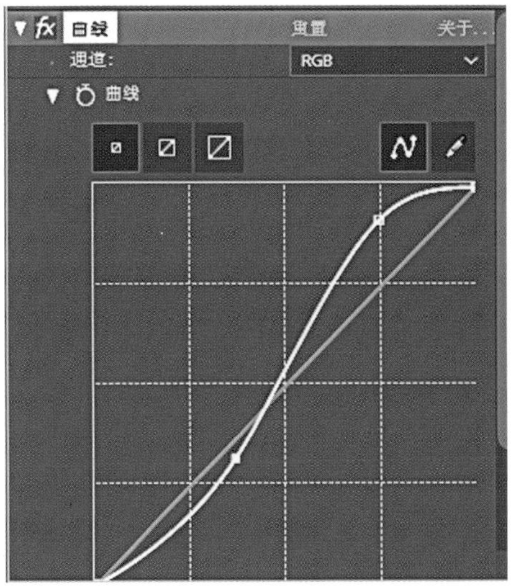

图 7-2 展开【曲线】滤镜的属性

小贴士

【通道】：选择需要调整的色彩通道。包括 RGB（红、绿、蓝）和 Alpha 通道。

【曲线】：通过调整曲线的坐标或绘制曲线来调整图像的色调。

【切换】：用来切换操作区域的大小。

【曲线工具】：可以在曲线上调节点，并且可以移动添加的节点。如果要删除节点，只需要将选择的节点拖到曲线图之外即可。

【铅笔工具】：可以在坐标图上绘制任意曲线。

【打开】：打开保存的曲线，也可以打开 Photoshop 中的曲线文件。

【自动】：自动修改曲线，增加应用图层的对比度。

【平滑】：使用该工具可以将曲折的曲线变得平滑。

【保存】：将当前色调曲线存储起来，以后重复利用。保存好的曲线文件可以应用到 Photoshop 中。

【重置】：将曲线恢复到默认的直线状态。

2. 色相 / 饱和度滤镜

【色相 / 饱和度】滤镜基于 HSB 颜色模式，可以调整图像的色调、亮度、饱和度与 PS 的色相、饱和度基本一致。可以使影片更加饱满，色彩更加靓丽，对比更加强烈。

在效果控件面板中展开【色相 / 饱和度】滤镜的属性，如图 7-3 所示，调整之后得到的效果如图 7-4 所示。

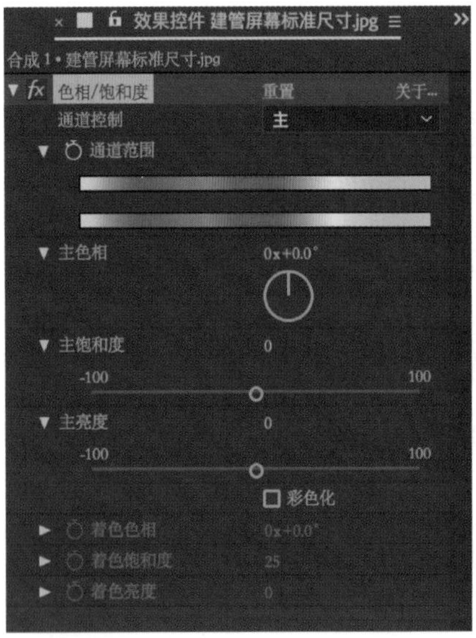

图 7-3 【色相 / 饱和度】滤镜的属性

图 7-4 【色相 / 饱和度】滤镜的效果图

小贴士

【通道控制】：控制受滤镜影响的通道，默认设置为“主”，表示影响所有的通道；如果选择其他通道，通过【通道范围】选项可以查看通道受滤镜影响的范围。

【通道范围】：显示通道受滤镜影响的范围。

【主色相】：控制所调节颜色的通道的色调。

【主饱和度】：控制所调节颜色通道的饱和度。

【主亮度】：控制所调节颜色通道的亮度。

【彩色化】：控制是否将图像设置为彩色图像。选择该选项之后，将激活【着色亮度】属性。

【着色色相】：将灰度图像转换为彩色图像。

【着色饱和度】：控制彩色化图像的饱和度。

【着色亮度】：控制彩色化图像的亮度。

3. 亮度和对比度滤镜

【亮度和对比度】滤镜是最简单、最容易调节画面影调范围的滤镜，可以同时调整画面所有像素的亮部、中间调和暗部，但是只能调节单一的颜色通道。在滤镜控制面板中展开【亮度和对比度】滤镜参数，将亮度增加到 62，将对比度增加到 50，如图 7-5 所示，效果图如图 7-6 所示。

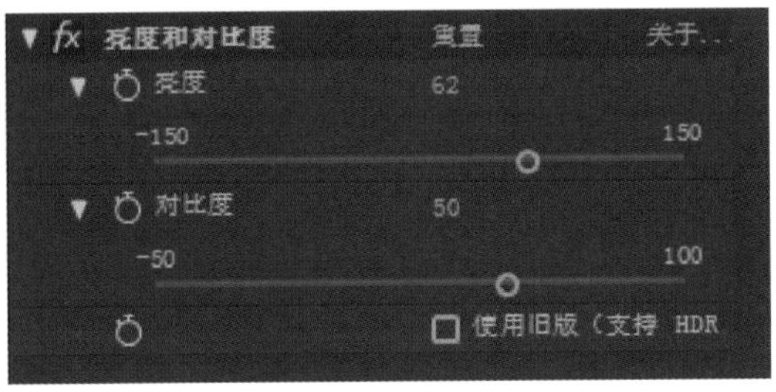

图 7-5　【亮度和对比度】滤镜的参数

图 7-6　【亮度和对比度】滤镜的效果图

小贴士

【亮度】：用于调节图像的亮度。正值表示提高亮度，负值表示降低亮度。

【对比度】：用于控制图像的对比度。正值表示提高对比度，负值表示降低对比度。

第二节　常用滤镜

After Effects CC 的【颜色校正】滤镜包中提供了很多调色滤镜，下面介绍几个具有代表性的滤镜。

1. 色阶滤镜

【色阶】滤镜可以通过调整输入颜色的级别来获取一个新的颜色输出范围，即修改图像的亮度和对比度，增强影调的感染力，如图 7-7 所示。

在效果控件面板中展开【色阶】滤镜的属性，把【输入黑色】调到 24，【输入白色】调到 255，【灰度系数】稍微增加到 2.35，【输出黑色】调节到 -63.3，输出白色为 334，如图 7-8 所示。

图 7-7　修改图像的亮度和对比度

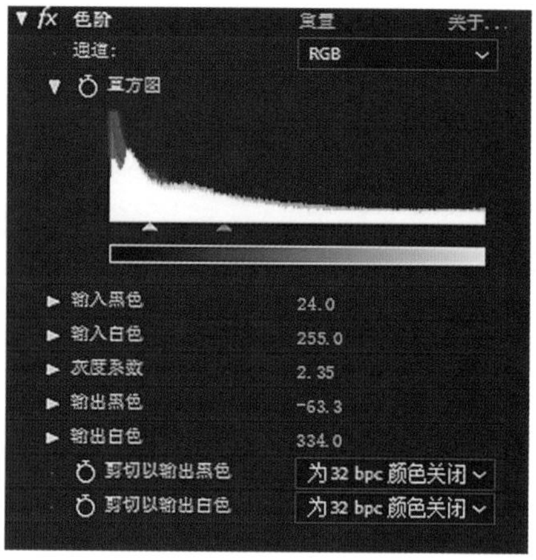

图 7-8　【色阶】滤镜的参数设置

小贴士

【通道】: 设置滤镜要应用的通道。可以选择 RGB 和 Alpha 通道单独调整色阶。

【直方图】：可以观察到各个影调的像素在图像中的分布情况。

【输入黑色】：控制输入图像中的黑色阈值。

【输入白色】：控制输入图像中的白色阈值。

【灰度系数】：调节图像影调的阴影和高光的相对值。

【输出黑色】：控制输出图像中的黑色阈值。

【输出白色】：控制输出图像中的白色阈值。

2. 色彩偏移滤镜

使用色彩偏移滤镜可以调节红、绿、蓝通道的相位值，从而达到更改颜色的作用。比如把绿色系的影调更改成洋红色影调，如图 7-9 所示。可以看到绿色被洋红色代替，数值为 134，如图 7-10 所示。

图 7-9　把绿色系的影调更改成洋红色影调

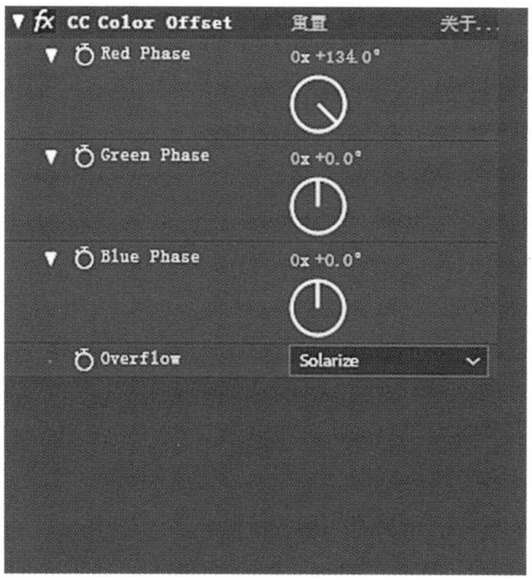

图 7-10　色彩偏移滤镜的参数

小贴士

【Red Phase】（红色色阶）：调节影调中红色的强度。

【Green Phase】（绿色色阶）：调节影调中绿色的强度。

【Blue Phase】（蓝色色阶）：调节影调中蓝色的强度。

【Overflow】（溢出）：设置曝光过度。

3. 保留颜色滤镜

【去色】滤镜可以将选定颜色之外的颜色变成灰度色，如图 7-11 所示。

在滤镜控制面板中展开【保留颜色】滤镜的参数，【要保留的颜色】设置为黄色，【容差】设置为 15%，【边缘柔和度】设置为 18%，如图 7-12 所示。

图 7-11　将选定颜色之外的颜色变成灰度色

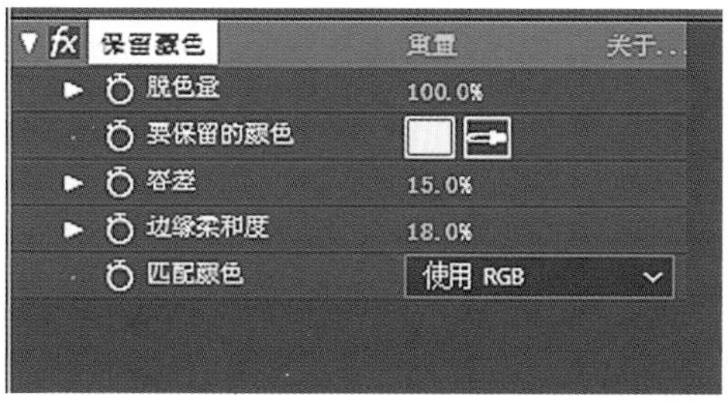

图 7-12　【保留颜色】滤镜的参数设置

小贴士

【脱色量】：消除颜色的程度选择 100% 时，图形显示为灰色。

【要保留的颜色】：吸取保留颜色还是保留其颜色不变，可以根据自己想要的颜色保留。

【容差】：颜色的相似程度。

【边缘柔和度】：调节色彩边缘的柔化程度。

【匹配颜色】：选择颜色匹配的方式，这里选择的是 RGB。

第三节 基本滤镜

1. 三色滤镜

【三色】滤镜可以对画面中的阴影、中间调和高光进行颜色映射，从而更改画面的色调。在使用三色滤镜时，一般只更改画面的中间调，高光和阴影保持不变，如图 7-13 所示。

在滤镜控制面板中，三色滤镜的参数设置如图 7-14 所示。

图 7-13 使用三色滤镜的效果

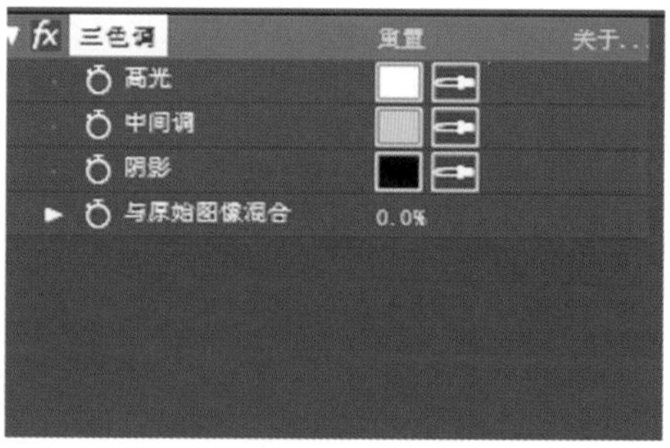

图 7-14 【三色调】的设置

小贴士

【高光】：设置需要替代高光的颜色，一般选择浅色。

【中间调】：设置需要替代中间调的颜色，一般比高光的颜色浅。

【阴影】：设置需要替换的阴影颜色，一般比中间调深。

【与原始图像混合】：设置效果层与源层的融合程度，这里设置为 0。

2. 广播颜色滤镜

【广播颜色】滤镜可以降低图像颜色的亮度和饱和度，使图像在电视上正确显示出来。广播颜色一般是电视台标准，在拍摄后对视频等处理后的调色效果如图 7–15 所示。

在滤镜控制面板中展开广播颜色滤镜参数，如图 7–16 所示。

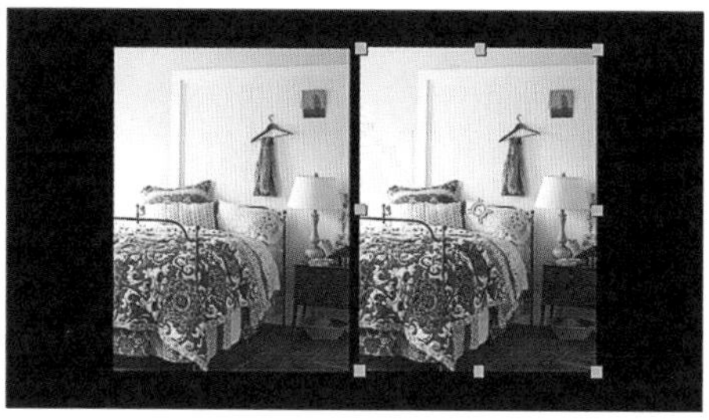

图 7–15　处理后的调色效果

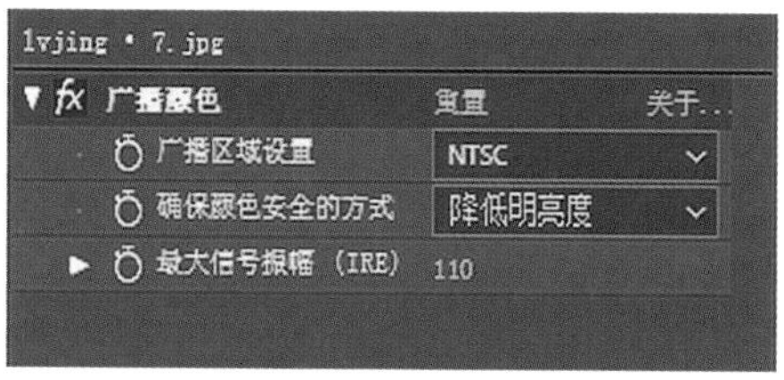

图 7–16　广播颜色滤镜参数

小贴士

【广播区域设置】：选取视频的播放标准，共有 PAL 和 NTSC 制式两种（我国采用的是 PAL）。

【确保颜色安全的方式】：选择调节缩减信号振幅的不同参数，从而控制视频图形不至于超出普通监视器的播放范围。

【最大信号振幅】：指定用于播放的视频素材的最高振幅（最大安全值），一般设置为 110。

3. 更改颜色滤镜

【更改颜色】滤镜可以将画面中某个特定颜色置换成另外一种颜色，可控制的参数更多，得到的效果也更加精确。在滤镜控制面板中展开更改颜色滤镜参数，如图 7–17 所示。

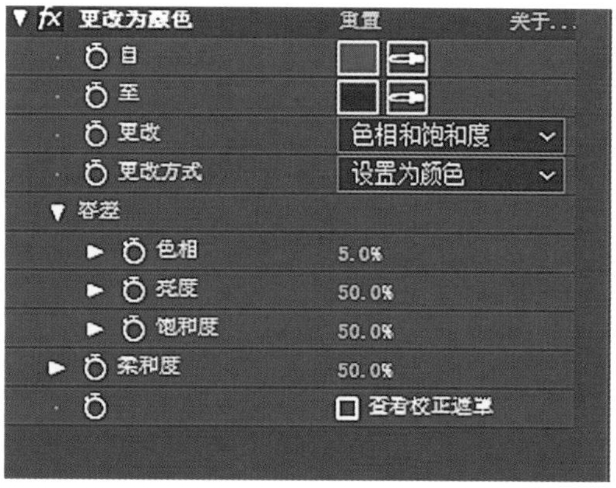

图 7–17　更改颜色滤镜参数

小贴士

【自】：指定要转换的颜色。

【至】：指定转换成哪种颜色。

【更改】：指定影响 HLS 色彩模式中的哪一个通道。

【更改方式】：指定颜色的转换方式，有 Setting To Color（设置到颜色）和 Transforming To Color（变换到颜色）两个选项。

【容差】：指定色相、亮度和饱和度数值。

【柔和度】：控制转换后的颜色柔和度。

【查看校正遮罩】：勾选复选框时，可以查看哪些区域的颜色调整过。

4. 颜色链接滤镜

【颜色链接】滤镜可以根据其他图层的整体色调来调节当前图层的色调，使色调相互协调统一。在滤镜控制面板中展开【颜色链接】滤镜的参数，如图 7-18 所示。效果如图 7-19 所示，房子的图片链接的是花朵的图层。

图 7-18 【颜色链接】滤镜的参数设置

图 7-19 【颜色链接】滤镜的效果

小贴士

【源图层】：指定要提取颜色信息的图层。如果选择 None（无）选项，则用当前图层的颜色信息来计算平均值；如果选择该图层的名称，则按照图像的原始信息进行计算。

【采样】：指定一个来源于源图层颜色效果的计算方式，共有以下三种。①中间：选取源图像中包含 RGB 通道的数值最高的通道。② Max RGB：选择 RGB 通道中数值最高的通道。③ Min RGB：选择 RGB 通道中数值最低的通道。

【剪切】：设置被指定采样百分比的最高值和最低值，修改参数对清除图像的杂点非常有用。

【模板原始 Alpha】：勾选复选框时，系统会在新的数值上添加一个效果层的原始 Alpha 通道模板。

【不透明度】：设置效果层的不透明度。

【混合模式】：设置提取颜色信息不得将源图层链接到效果上的混合模式。

第四节　其他滤镜

在 After Effects CC 的色彩校正滤镜中，包含了校色和制作色彩特效的滤镜，每个滤镜都有各自的功能和特点。

1. 自动颜色滤镜

【自动颜色】滤镜可以对图像中的阴影、中间色调和高光进行分析，然后自动调节图像的对比度和颜色。在默认情况下，滤镜使用 128 阶灰度压缩中间影调，同时以 0.5% 的范围来切除高光和阴影像素的颜色和对比度，如图 7-20 所示。

在滤镜控制面板中展开【自动颜色】滤镜的参数，如图 7-21 所示。

图 7-20　自动颜色滤镜效果图

图 7-21　【自动颜色】滤镜参数设置

小贴士

【瞬时平滑（秒）】：指定围绕当前帧的持续时间。

【场景检测】：设置 Temporal Smoothing（时间平滑）忽略不同场景中的帧。

【修剪黑色】：设置黑色像素减弱程度。

【修剪白色】：设置白色像素减弱程度。

【对齐中性中间调】：确定一个接近中性色彩的平均值，然后分析亮度值，使图像整体色彩协调。

【与原始图像混合】：设置当前效果，调整图像的颜色对比度。

下面介绍如何使用自动颜色滤镜调整图像的颜色对比度。

（1）新建一个合成，导入素材图片，如图 7-22 所示。

（2）为图层添加自动颜色滤镜，图像的对比度和颜色都相对减弱了一些，如图 7-23 所示。

图 7-22　素材图片

图 7-23　添加自动颜色滤镜

（3）调整图像参数值，让图像看起来更醒目，具体参数如图 7-24 所示，效果对比如图 7-25 所示。

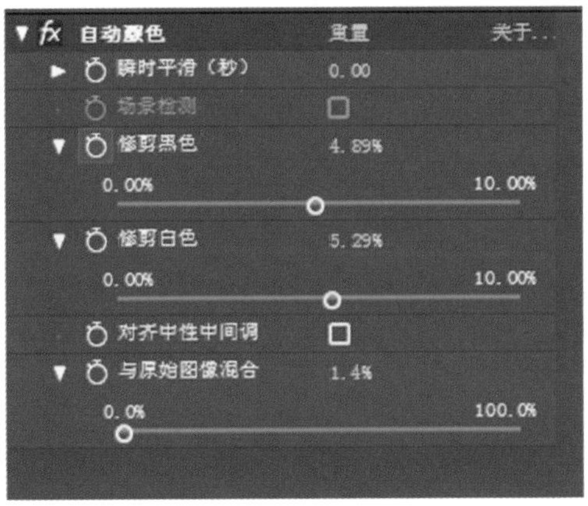

图 7-24　设置参数

图 7-25　效果图

2. 自动对比度滤镜

【自动对比度】滤镜可以自动调节画面的对比度和颜色混合度。因为自动对比度滤镜不能单独调节通道，所以它不会引入或删除颜色信息，而只是将画面最亮和最暗的部分映射为白色和黑色，这样就可以使高光部分变得更亮，而阴影部分变得更暗。当图像中获取了最亮和最暗的像素信息时，自动对比度滤镜会以 0.5% 的可变范围来裁切黑白像素。

（1）在滤镜控制面板中展开【自动对比度】滤镜参数，并自行调节，如图 7-26 所示。

（2）面板与自动颜色滤镜相同，不再赘述。图 7-27 为调整参数后的效果对比。

图 7-26　【自动对比度】滤镜参数

图 7-27　滤镜效果图

3. 通道混合器滤镜

【通道混合器】滤镜可以通过混合当前通道来更改画面的颜色通道。使用该滤镜可以制作出普通校色滤镜不容易制作出的效果。在滤镜控制面板中展开【通道混合器】滤镜参数，如图 7-28 所示。参数调整后，效果如图 7-29 所示。

图 7-28　【通道混合器】滤镜参数

图 7-29　通道混合器滤镜效果图

4. 颜色平衡滤镜

【颜色平衡】滤镜主要通过控制红、绿、蓝在中间色、阴影和高光之间的比重，来控制图形的

小贴士

【红绿蓝】：分别表示不同的颜色通道。

【红绿蓝对比度】：用来调整通道的对比度。

【单色】：勾选该复选框后，彩色图像转换为灰度图。

色彩，非常适合细致调整图像的高光、阴影和中间色调，在滤镜控制面板中展开颜色平衡滤镜的参数，如图 7-30 所示，效果图如图 7-31 所示。

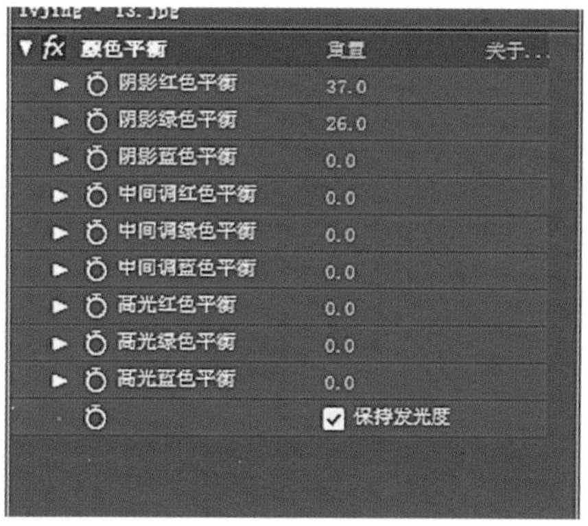

图 7-30 【颜色平衡】滤镜参数

图 7-31 颜色平衡滤镜效果

5. 颜色平衡（HLS）滤镜

【颜色平衡（HLS）】滤镜是通过调整色相（Hue）、饱和度（Saturation）和亮度（Brightness）参数来控制图像的色彩平衡，在滤镜控制面板中展开【颜色平衡（HLS）】滤镜的参数，如图 7-32 所示，效果图如图 7-33 所示。（也可根据自己的需求调节画面）

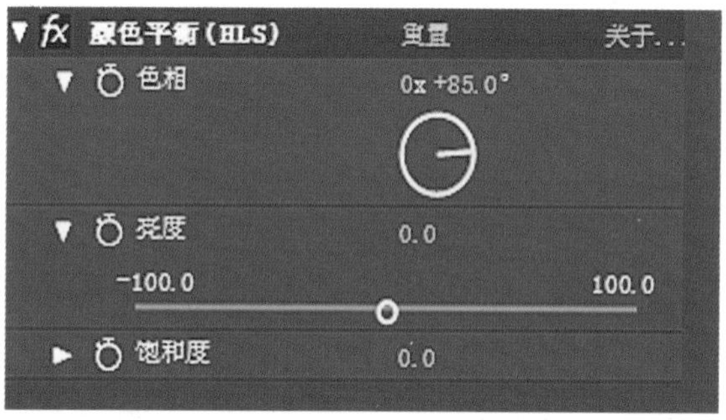

图 7-32 【颜色平衡（HLS）】滤镜参数

图 7-33 颜色平衡（HLS）滤镜的效果图

6. 任意映射滤镜

【任意映射】滤镜是一种渐变映射滤镜，可以使用新的渐变色对图像上色，如图 7-34 所示。在滤镜控制面板中展开【任意映射】滤镜参数，如图 7-35 所示。

图 7-34 任意映射滤镜的效果图

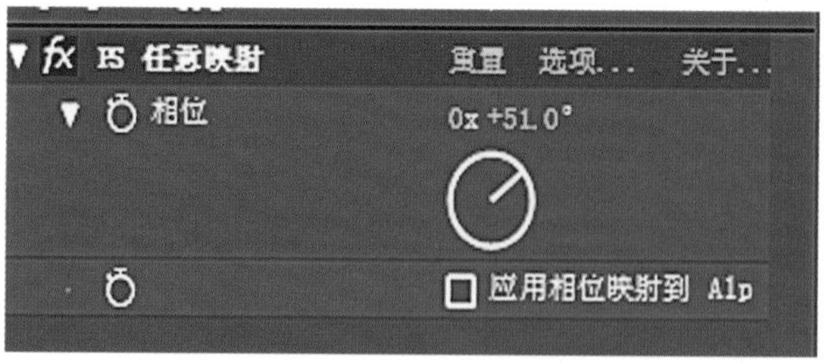

图 7-35 【任意映射】滤镜的参数

思考与练习

（1）色彩校正的主要滤镜有哪些？具体怎样应用？

（2）用色彩偏移滤镜设计并制作一张图片。

（3）用色彩平衡滤镜设计并制作一张图片。

第八章
抠　　像

抠像是影视拍摄制作中常用的技术。After Effects CC 拥有大量的抠像功能，在 Keylight 加入后，After Effects 的抠像功能更上一层楼。本章将详细讲述抠像和遮罩滤镜组的用法及常规技巧。

第一节　抠像技术简介

在影视特效制作中，经常需要通过键控抠像技术将演员从一个场景中“抠”出来，然后将图像应用到三维软件中进行场景的虚拟匹配和搭建。

在 After Effects CC 中，键控技术是通过定义图像中特定范围内的颜色值或亮度值来获取透明通道，当这些特定的值被“键出”时，那么所有具有这个相同颜色或亮度的像素都将变成透明状态。将图像抠取出来后，就可以将其运用到特定的背景中，以获得更佳的视觉效果。

第二节　抠像滤镜组

在 After Effects CC 中，绝大部分的键控滤镜都集中在【抠像】和【过时】滤镜包中。

1. 颜色差值键滤镜

【颜色差值键】滤镜可以将图像分成 A、B 两个不同起点的蒙版来创建透明度信息。蒙版 B 基于指定颜色来创建透明度信息，而蒙版 A 则基于图像区域中不包含有第 2 种不同颜色来创建透明度信息，结合 A、B 蒙版就创建出 α 蒙版，通过这种方法，【颜色差值键】滤镜可以创建出很精确的透明度信息。

【色差值键】滤镜可以精确地抠取在蓝屏或绿屏前拍摄的镜头，尤其适合抠取具有透明和半透明区域的图像，如烟、雾和阴影等。

执行【效果 - 抠像 - 颜色差值键】菜单命令，然后在【效果控件】面板中展开【颜色差值键】

滤镜的属性，如图 8-1 所示。

参数解析如下。

共有以下 9 种视图查看模式。

（1）源：显示原始的素材。

（2）未校正遮罩部分 A：显示没有修正的图像的遮罩 A。

（3）已校正遮罩部分 A：显示已经修正的图像的遮罩 A。

（4）未校正遮罩部分 B：显示没有修正的图像的遮罩 B。

（5）已校正遮罩部分 B：显示已经修正的图像的遮罩 B。

（6）未校正遮罩：显示没有修正的图像的遮罩。

（7）已校正遮罩：显示已经修正的图像的遮罩。

（8）最终输出：最终的画面显示。

（9）已校正【A，B，遮罩】、最终：同时显示遮罩 A、遮罩 B、修正的遮罩和最终输出的结果。

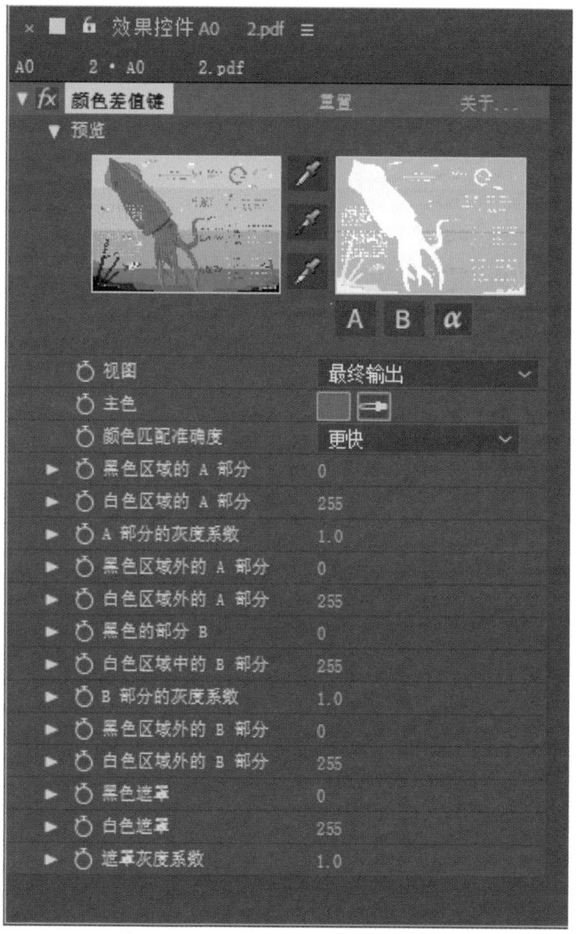

图 8-1　【颜色差值键】滤镜的属性

其余参数释义如下。

【主色】：用来采样拍摄的动态素材幕布的颜色。

【颜色匹配准确度】：设置颜色匹配的精度，包含“更快”和“更准确”两个选项。

【黑色区域的 A 部分】：控制 A 通道的透明区域。

【白色区域的 A 部分】：控制 A 通道的不透明区域。

【A 部分的灰度系数】：用来影响图像的灰度范围。

【黑色区域外的 A 部分】：控制 A 通道的透明区域的不透明度。

【白色区域外的 A 部分】：控制 A 通道的不透明区域的不透明度。

【黑色的部分 B】：控制 B 通道的透明区域。

【白色区域中的 B 部分】：控制 B 通道的不透明区域。

【B 部分的灰度系数】：用来影响图像的灰度范围。

【黑色区域外的 B 部分】：控制 B 通道的透明区域的不透明度。

【白色区域外的 B 部分】：控制 B 通道的不透明区域的不透明度。

【黑色遮罩】：控制 Alpha 通道的透明区域。

【白色遮罩】：控制 Alpha 通道的不透明区域。

【遮罩灰度系数】：用来影响图像 Alpha 通道的灰度范围。

在实际操作中常用的参数有【黑色遮罩】、【白色遮罩】以及【遮罩灰度系数】，视图模式有【最终输出】和【已校正遮罩】。

2. 颜色键滤镜

【颜色键】滤镜可以通过指定一种颜色，将图像中处于这个颜色范围内的图像键出，使其变透明（图 8–2）。

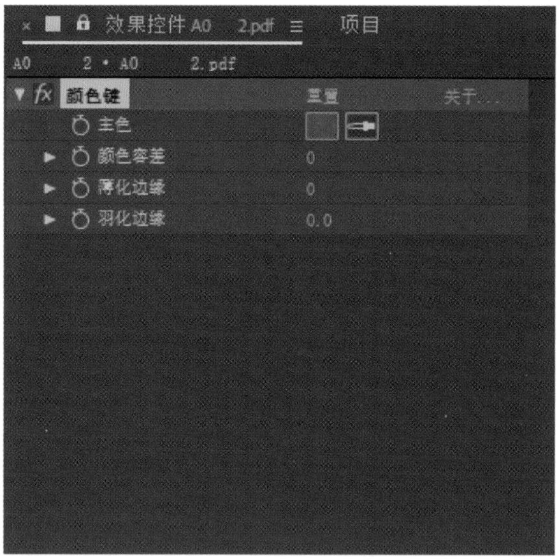

图 8–2　【颜色键】抠像滤镜

参数解析如下。

【主色】：指定需要被抠掉的颜色。

【颜色容差】：设置键出颜色的容差值。容差值越高，与指定颜色越相近的颜色会变为透明。

【薄化边缘】：用于调整键出区域的边缘。正值用于扩大遮罩范围，负值用于缩小遮罩范围。

【羽化边缘】：用于羽化键出的边缘，以产生细腻、稳定的键控遮罩。

小贴士

使用颜色键滤镜抠像只能产生透明和不透明两种效果，所以它只适合抠除背景颜色变化不大、前景完全不透明以及边缘比较精确的素材。对于前景为半透明，背景比较复杂的素材，颜色键滤镜就无能为力了。

3. 颜色范围滤镜

【颜色范围】滤镜可以在 Lab、YUV 或 RGB 任意一个颜色空间中通过指定的颜色范围来设置键出颜色。使用颜色范围滤镜对抠除具有多种颜色构成或是灯光不均匀的蓝屏或绿屏背景非常有效。

执行【效果 – 抠像 – 颜色范围】菜单命令，然后在【效果控件】面板中展开【颜色范围】滤镜的属性（图 8–3）。

参数解析如下。

（1）【模糊】：用于调整边缘的柔化度。

（2）【色彩空间】：指定抠出颜色的模式，包括Lab、YUV和RGB 3种颜色模式。

（3）【最小值（L，Y，R）】：如果颜色空间模式为Lab，则控制该色彩的第1个值L；如果是YUV模式，则控制该色彩的第1个值Y；如果是RGB模式，则控制该色彩的第1个值R。

（4）【最大值（L，Y，R）】：控制第1组数据的最大值。

（5）【最小值（a，U，G）】：如果颜色空间模式为Lab，则控制该色彩的第2个值a；如果是YUV模式，则控制该色彩的第2个值U；如果是RGB模式，则控制该色彩的第2个值G。

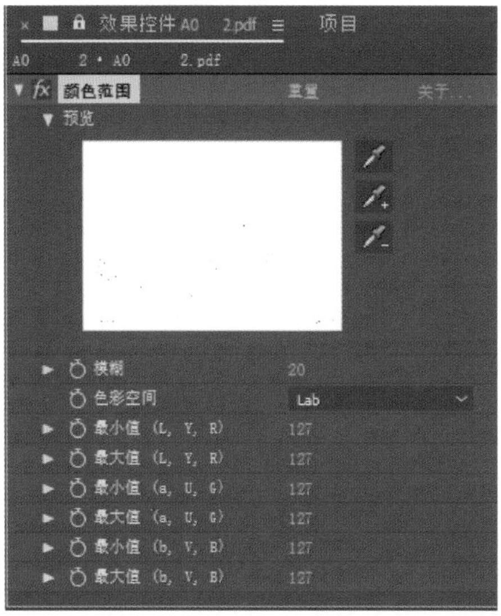

图8-3　【颜色范围】滤镜参数

（6）【最大值（a，U，G）】：控制第2组数据的最大值。

（7）【最小值（b，V，B）】：控制第3组数据的最小值。

（8）【最大值（b，V，B）】：控制第3组数据的最大值。

4. 差值遮罩滤镜

【差值遮罩】滤镜可以将源图层（图层A）和其他图层（图层B）的像素逐个进行比较，然后将图层A与图层B相同位置和相同颜色的像素键出，使其成为透明像素。

差值遮罩滤镜的基本思想是先把前景物体和背景一起拍摄下来，然后保持机位不变，去掉前景物体，单独拍摄背景。比较这样拍摄下来的两个画面，在理想状态下，背景部分是完全相同的，而前景出现的部分则是不同的，这些不同的部分，就是需要的Alpha通道。

在没有条件进行蓝屏幕抠像时，就可以采用这种手段。但是即使机位完全固定，两次实际拍摄的效果也不会完全相同，光线的微妙变化、胶片的颗粒、视频的噪波等都会使再次拍摄到的背景有所不同，所以这样得到的通道通常都很不干净。

执行【效果－抠像－差值遮罩】菜单命令，然后在【效果控件】面板中展开【差值遮罩】滤镜的属性（图8-4）。

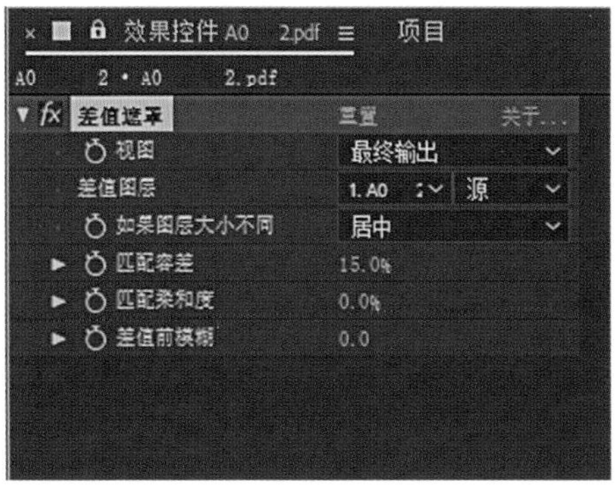

图8-4　【差值遮罩】滤镜参数

参数解析如下。

（1）【差值图层】：选择用于对比的差异图层，可以用于抠出运动幅度不大的背景。

（2）【如果图层大小不同】：当对比图层的尺寸不同时，该选项用于对图层进行相应处理，包括【居中】和【伸缩以合适】两个选项。

（3）【匹配容差】：用于指定匹配容差的范围。

（4）【匹配柔和度】：用于指定匹配容差的柔和程度。

（5）【差值前模糊】：用于模糊比较的像素，从而清除合成图像中的杂点（这里的模糊只是计算机在进行比较运算的时候进行模糊，而最终输出的结果并不会产生模糊效果）。

5. 提取滤镜

【提取】滤镜可以将指定亮度范围内的像素键出，使其变成透明像素。该滤镜适合抠除前景和背景亮度反差比较大的素材。

执行【效果－抠像－提取】菜单命令，然后在【效果控件】面板中展开【提取】滤镜的属性（图 8–5）。

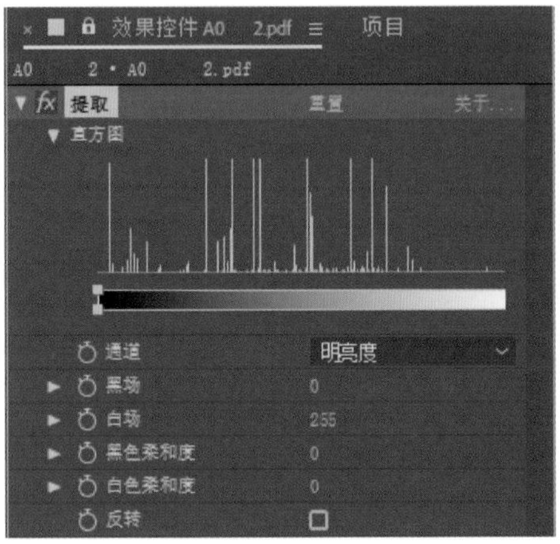

图 8–5 【提取】滤镜的参数

参数解析如下。

（1）【通道】：用于选择抠取颜色的通道，包括【明亮度】【红色】【绿色】【蓝色】和【Alpha】5 个通道。

（2）【黑场】：用于设置黑色点的透明范围，小于黑色点的颜色将变为透明。

（3）【白场】：用于设置白色点的透明范围，大于白色点的颜色将变为透明。

（4）【黑色柔和度】：用于调节暗色区域的柔和度。

（5）【白色柔和度】：用于调节亮色区域的柔和度。

（6）【反转】：反转透明区域。

6. 内部 / 外部键滤镜

【内部 / 外部键】滤镜特别适用于抠取毛发。使用该滤镜时需要绘制两个遮罩，一个遮罩用来定义键出范围内的边缘，另外一个遮罩用来定义键出范围之外的边缘。After Effects CC 会根据这两个遮罩之间的像素差异来定义键出边缘并进行抠像。

执行【效果－抠像－内部 / 外部键】菜单命令，然后在【效果控件】面板中展开【内部 / 外部键】滤镜的属性（图 8–6）。

参数解析如下。

（1）【前景（内部）】：用来指定绘制的前景蒙版。

（2）【其他前景】：用来指定更多的前景蒙版。

（3）【背景（外部）】：用来指定绘制的背景蒙版。

（4）【其他背景】：用来指定更多的背景蒙版。

（5）【单个蒙版高光半径】：当只有一个蒙版时，该选项才被激活，只保留蒙版范围内的内容。

（6）【清理前景】：清除图像的前景色。

（7）【清理背景】：清除图像的背景色。

（8）【边缘阈值】：用来设置图像边缘的容差值。

（9）【反转提取】：反转抠像的效果。

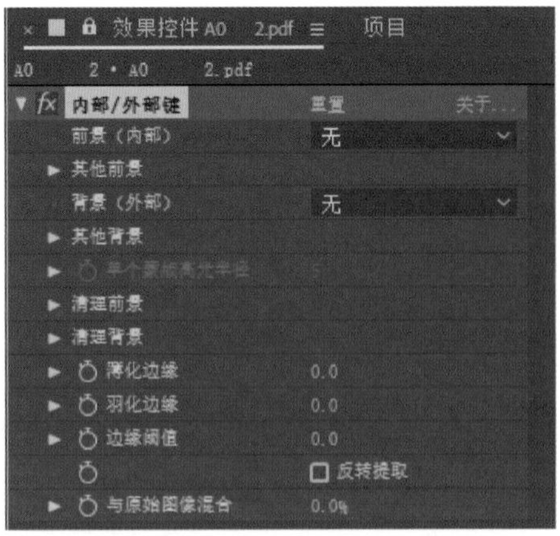

图 8–6 【内部 / 外部键】滤镜的参数

小贴士

内部 / 外部键滤镜还会修改边界的颜色，将背景的残留颜色提取出来，然后自动净化边界的残留颜色，把经过抠像后的目标图像叠加在其他背景上时，会显示出边界的模糊效果。

7. 线性颜色键滤镜

【线性颜色键】滤镜可以将画面上每个像素的颜色和指定的键控色（即被键出的颜色）进行比较，如果像素颜色和指定的颜色完全匹配，那么这个像素的颜色就会被完全键出；如果像素颜色和指定的颜色不匹配，那么这些像素就会被设置为半透明；如果像素颜色和指定的颜色完全不匹配，那么这些像素就完全不透明。

执行【效果 – 抠像 – 线性颜色键】菜单命令，然后在【效果控件】面板中展开【线性颜色键】滤镜的属性（图 8–7）。

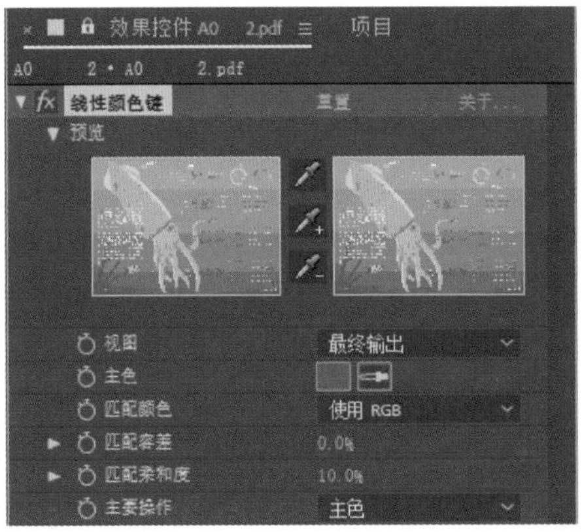

图 8–7　【线性颜色键】滤镜的参数

在【预览】窗口中可以观察到两个缩略视图，左侧的视图窗口用于显示素材图像的缩略图，右侧的视图窗口用于显示抠像的效果。

参数解析如下。

（1）【视图】：指定在【合成】面板中显示图像的方式，包括【最终输出】【仅限源】和【仅限遮罩】3 个选项。

（2）【主色】：指定将被抠出的颜色。

（3）【匹配颜色】：指定键控色的颜色空间，包括【使用 RGB】【使用色相】和【使用饱和度】3 种类型。

（4）【匹配容差】：用于调整抠出颜色的范围值。容差匹配值为 0 时，画面全部不透明；容差匹配值为 100 时，整个图像将完全透明。

（5）【匹配柔和度】：柔和匹配容差的值。

（6）【主要操作】：用于指定抠出色是【主色】还是【保持颜色】。

8. 亮度键滤镜

【亮度键】滤镜主要用来键出画面中指定的亮度区域。使用亮度键滤镜对于创建前景和背景的明亮度差别比较大的视频蒙版非常有用。

执行【效果 – 过时 – 亮度键】菜单命令，然后在【效果控件】面板中展开【亮度键】滤镜的属性（图 8–8）。

参数解析如下。

（1）【键控类型】：指定亮度抠出的类型，共有以下 4 种。

①【抠出较亮区域】：使比指定亮度更亮的部分变透明。

②【抠出较暗区域】：使比指定亮度更暗的部分变透明。

③【抠出亮度相似的区域】：抠出阈值附近的亮度。

④【抠出亮度不同的区域】：抠出阈值范围之外的亮度。

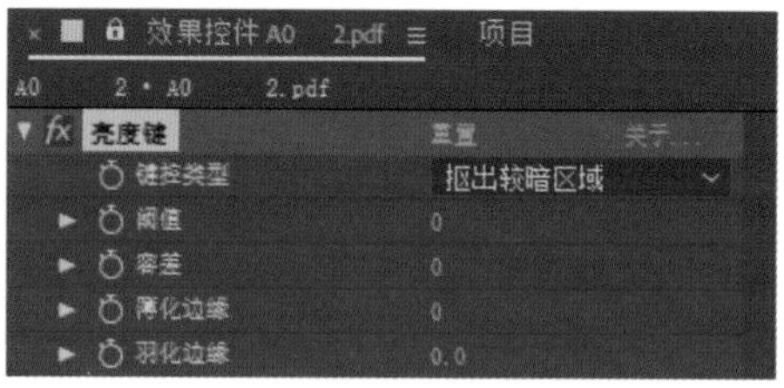

图 8-8　【亮度键】滤镜的参数

（2）【阈值】：设置阈值的亮度值。

（3）【容差】：设定被抠出的亮度范围。值越低，被抠出的亮度越接近阈值设定的亮度范围；值越高，被抠出的亮度范围越大。

（4）【薄化边缘】：调节抠出区域边缘的宽度。

（5）【羽化边缘】：设置抠出边缘的柔和度。值越大，边缘越柔和，但是需要更多的渲染时间。

9. 溢出抑制滤镜

【溢出抑制】滤镜，可以去除键控后的图像残留的键控色的痕迹，消除图像边缘溢出的键控色，这些溢出的键控色常常是由于背景的反射造成的。

执行【效果 - 过时 - 溢出抑制】菜单命令，然后在【效果控件】面板中展开【溢出抑制】滤镜的属性（图 8-9）。

参数解析如下。

（1）【要抑制的颜色】：用来清除图像残留的颜色。

（2）【抑制】：用来设置抑制颜色的强度。

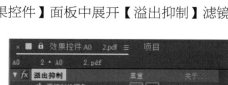

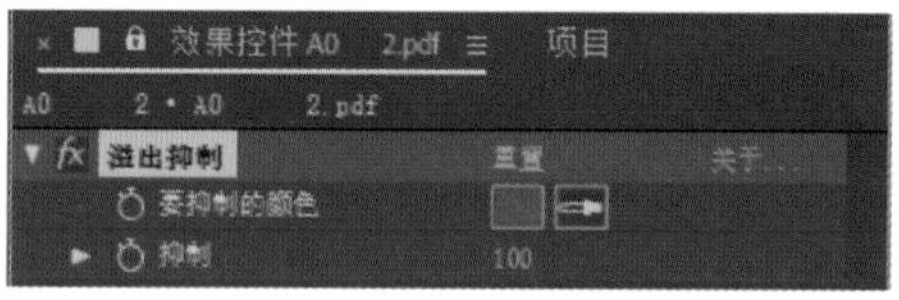

图 8-9　【溢出抑制】滤镜的参数

小贴士

这些溢出的抠出色常常是由于背景的反射造成的，如果使用溢出抑制滤镜还不能得到满意的结果，可以使用【色相 / 饱和度】降低饱和度，从而弱化抠出的颜色。

第三节　遮罩滤镜组

抠像也是一门综合的技术，除了使用抠像插件外，还应该包括抠像后的图像边缘的处理技术与背景合成时的色彩匹配技巧等。这一节讲解图像边缘的处理技术。在 After Effects CC 中，用来控制图像边缘的滤镜在遮罩组中。

1. 遮罩阻塞工具滤镜

在 After Effects CC 中，系统自带功能非常强大的图像边缘处理工具，即遮罩阻塞工具滤镜。

执行【效果－遮罩－遮罩阻塞工具】菜单命令，然后在【效果控件】面板中展开【遮罩阻塞工具】滤镜的属性，如图 8-10 所示。

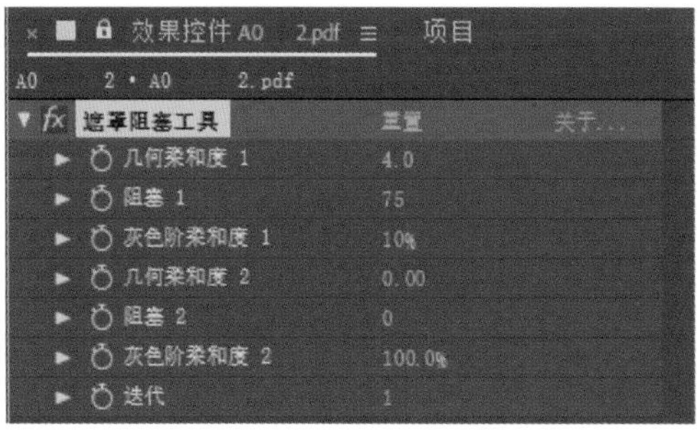

图 8-10　遮罩阻塞工具

参数解析如下。

（1）【几何柔和度 1】：用来调整图像边缘的一级光滑度。

（2）【阻塞 1】：用来设置图像边缘的一级扩充或收缩。

（3）【灰色阶柔和度 1】：用来调整图像边缘的一级光滑度。

（4）【几何柔和度 2】：用来调整图像边缘的二级光滑度。

（5）【阻塞 2】：用来设置图像边缘的二级扩充或收缩。

（6）【灰色阶柔和度 2】：用来调整图像边缘的二级光滑度。

（7）【迭代】：用来控制图像边缘收缩的强度。

2. 调整实边遮罩滤镜

在 After Effects CC 中，【调整实边遮罩】滤镜不仅可以用来处理图像的边缘控制，还可以用来控制抠除图像的 Alpha 噪波干净纯度。

执行【效果－遮罩－调整实边遮罩】菜单命令，然后在【效果控件】面板中展开【调整实边遮罩】滤镜的属性（图 8-11）。

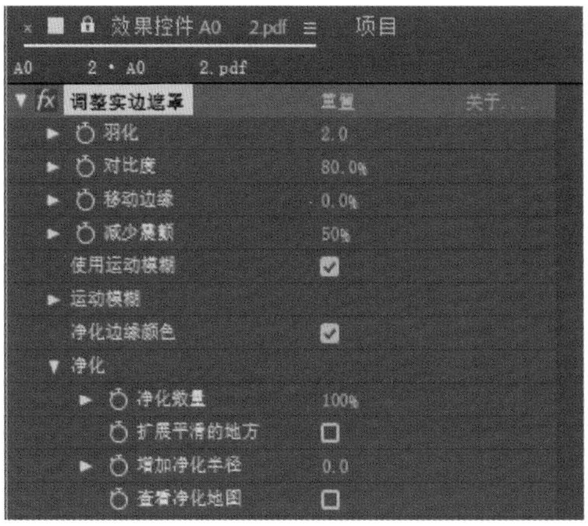

图 8-11　【调整实边遮罩】滤镜的参数

参数解析如下。

（1）【羽化】：用来设置图像边缘的光滑程度。

（2）【对比度】：用来调整图像边缘的羽化过渡。

（3）【减少震颤】：用来设置运动图像上的噪波。

（4）【使用运动模糊】：对于带有运动模糊的图像来说，该选项很有用。

（5）【净化边缘颜色】：可以用来处理图像边缘的颜色。

3. 简单阻塞工具滤镜

执行【效果－遮罩－简单阻塞工具】菜单命令，然后在【效果控件】面板中展开【简单阻塞工具】滤镜的属性（图 8-12）。

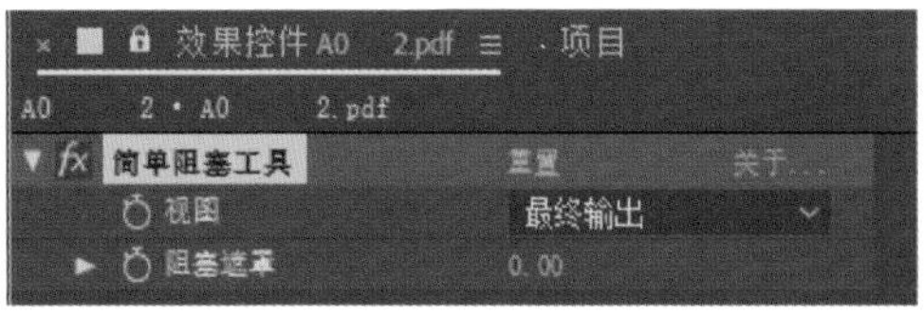

图 8-12　【简单阻塞工具】滤镜的参数

参数解析如下。

（1）【视图】：用来设置图像的查看方式。

（2）【阻塞遮罩】：用来设置图像边缘的扩充或收缩。

思考与练习

（1）视图查看模式有哪些？

（2）用线性颜色键滤镜设计并制作一张图片。

第九章

运动跟踪

运动跟踪是 After Effects CC 相对比较重要的功能，也是在动画合成中使用频率比较高的一种合成方式。运动跟踪是指对指定区域进行跟踪分析，并自动创建关键帧，将跟踪的结果应用到其他层或效果上制作出所需的动画效果。本章主要讲解运动跟踪的流程及基本参数设置。

第一节　运动跟踪概述

After Effects CC 中的运动跟踪功能非常强大。运动跟踪可以对动态素材中的某个或几个指定的像素点进行跟踪，然后将跟踪的结果作为路径依据进行特效处理。运动跟踪可以匹配素材的运动或消除摄影机的运动。

1. 运动跟踪的作用

运动跟踪主要有以下两个作用。①跟踪镜头中目标对象的运动，然后将跟踪的运动数据应用于其他图层或滤镜中，让其他图层元素或滤镜与镜头中的运动对象进行匹配。②将跟踪影片中的目标物体的运动数据作为补偿画面运动的依据，从而使画面稳定。

2. 运动跟踪的应用范围

运动跟踪应用的范围很广，主要有以下 3 点。①为镜头添加匹配特技元素，例如为运动的篮球添加发光效果。②将跟踪日标运动数据应用于其他的图层属性。例如当汽车从屏幕前开过时，立体声音从左声道切换到右声道。③稳定摄影机拍摄的摇晃镜头。

第二节　运动跟踪的流程

在制作运动跟踪效果时，需要遵循了解制作的流程，这样才能避免错误操作，提高运动跟踪的制作效率。

1. 镜头设置

为了让运动跟踪效果更加平滑，因此需要使选择的跟踪目标必须具备明显的、与众不同的特征，这些就要求在前期拍摄时有意识地为后期跟踪做好准备。适合作为跟踪的目标对象主要有以下一些特征。

（1）与周围区域要形成强烈对比的颜色、亮度或饱和度。

（2）整个特征区域有清晰的边缘。

（3）在整个视频持续时间内都可以辨识。

（4）靠近跟踪目标区域。

（5）跟踪目标在各个方向上都相似。

2. 添加合适的跟踪点

当在跟踪器面板中设置了不同的跟踪类型后，After Effects CC 会根据不同的跟踪模式在图层面板中设置合适数量的跟踪点。

3. 选择跟踪目标并设定跟踪特征区域

在进行运动跟踪之前，首先要观察整段影片，找出最好的跟踪目标（在影片中因为灯光影若隐若现的素材、在运动过程中因为角度的不同而在形状上呈现出较大差异的素材不适合作为跟踪目标）。虽然 After Effects CC 会自动推断目标的运动，但是如果选择了最合适的跟踪目标，那么跟踪概率会大大提高。好的跟踪目标应该具备以下特征。

（1）在整段影片中都可见。

（2）在搜索区域中，目标与周围的颜色对比强烈。

（3）在搜索区域内具有清晰的边缘形状。

（4）在整段影片中的形状和颜色都一致。

4. 设置跟踪点偏移

跟踪点是目标图层或滤镜控制点的放置点，默认的跟踪点是特征区域的中心。在运动跟踪之前移动跟踪点，让目标位置相对于跟踪目标的位置产生一定偏移。

5. 调整特征区域和搜索区域

（1）特征区域。

要让特征区域完全包括跟踪目标，并且特征区域应尽可能小一些。

（2）搜索区域。

搜索区域的位置和大小取决于跟踪目标的运动方式。搜索区域应适应跟踪目标的运动方式，只要能够匹配帧与帧之间的运动方式就可以了，无须匹配整段素材的运动。如果跟踪目标的帧与帧之间的运动是连续的，并且运动速度比较慢，那么只需要让搜索区域略大于特征区域就可以了；如果跟踪目标的运动速度比较快，那么搜索区域应该具备在帧与帧之间能够包含目标的最大位置或方向的改变范围。

6. 分析

在跟踪器面板中通过【分析】功能来执行运动跟踪。

7. 优化

在进行运动跟踪分析时，往往会因为各种原因不能得到最佳的跟踪效果，这时就需要重新调整搜索区域和特征区域，然后重新进行分析。在跟踪过程中，如果跟踪目标丢失或跟踪错误，可以返回到正确的帧，然后重复前两节的步骤，重新进行调整并分析。

8. 应用跟踪数据

在确保跟踪数据正确的前提下，可以在跟踪器面板中单击【应用】按钮应用跟踪数据（将跟踪类型设置为【原始】时除外）。对于【原始】跟踪类型，可以将跟踪数据复制到其他动画属性中或使用表达式将其关联到其他动画属性上。

思考与练习

（1）简单介绍运动跟踪。

（2）选择工具怎样调节跟踪点的各种显示状态？

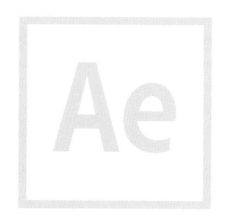

第十章
模糊和锐化

模糊和锐化是影视制作中最常用的效果，画面需要“虚实结合”，这样即使是平面素材的后期合成，也能给人空间感和对比，更能让人产生联想。很多相对比较粗糙的画面，经过处理后也会赏心悦目。本章主要讲解 After Effects 中的各类模糊和锐化滤镜的相关属性及其具体应用。

第一节　模糊滤镜

模糊滤镜可以使图像变得模糊。本节主要介绍一些常用的模糊滤镜，包括双向模糊、快速方框模糊、摄像机镜头模糊、通道模糊、定向模糊、径向模糊、减少交错闪烁和智能模糊等滤镜。

1. 双向模糊滤镜

双向模糊滤镜在进行图像模糊的过程中，加入了像素间的相似程度运算。这样可以较好地保持原始图像中的区域信息，因而可以保持原始图像的大体分块，进而保持图像的边缘，这样图像的边和其他一些细节得以保存。此外，图像中像素差值大的高对比度区域的模糊效果比低对比度区域弱。

执行【效果 - 模糊和锐化 - 双向模糊】菜单命令，然后在【效果控件】面板中展开【双向模镜】的属性（图 10-1）。

参数解析如下。

（1）【半径】：设置模糊的半径。

（2）【阈值】：设置模糊的强度。

（3）【彩色化】：用来设置图像的彩色化，不选择彩色化，则图像为黑白色。

图 10-1　【双向模糊】滤镜

2. 快速方框模糊滤镜

快速方框模糊滤镜与快速模糊滤镜和高斯模糊滤镜相似，但方框模糊滤镜拥有一个迭代属性，可以控制模糊的质量。执行【效果—模糊和锐化—快速方框模糊】菜单命令，然后在【效果控件】面板中展开【快速方框模糊】滤镜的属性（图 10-2）。

参数解析如下。

（1）【模糊半径】：用来设置图像的模糊半径。

（2）【迭代】：用来控制图像模糊的质量。

（3）【模糊方向】：用来设置图像模糊的方向，有以下 3 种方向。

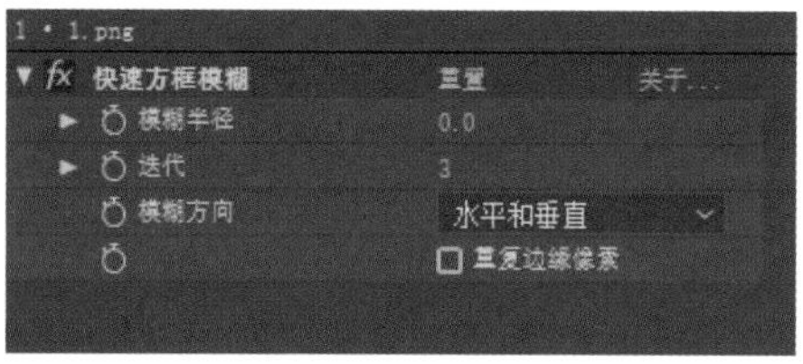

图 10-2 【快速方框模糊】滤镜

①【水平和垂直】：图像在水平和垂直方向都产生模糊。

②【水平】：图像在水平方向上产生模糊。

③【垂直】：图像在垂直方向上产生模糊。

（4）【重复边缘像素】：主要用来设置图像边缘的模糊。

3. 摄像机镜头模糊滤镜

摄像机镜头模糊滤镜可以用来模拟不在摄像机聚焦平面内物体的模糊效果。其模糊的效果取决于光圈属性和模糊图。

执行【效果－模糊和锐化－摄像机镜头模糊】菜单命令，然后在【效果控件】面板中展开【摄像机镜头模糊】滤镜的属性（图 10-3）。

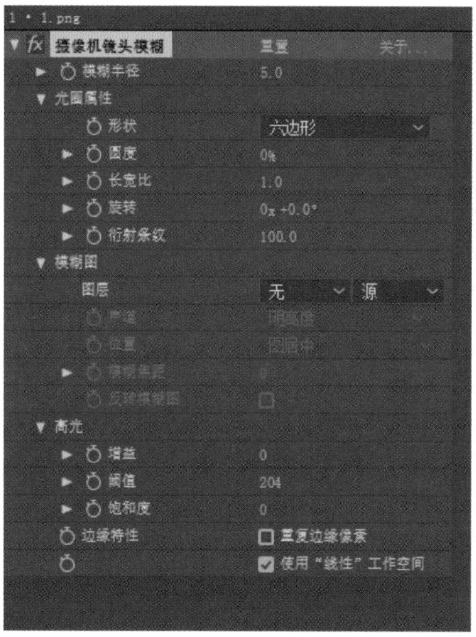

图 10-3 【摄像机镜头模糊】滤镜

参数解析如下。

（1）【模糊半径】：设置镜头模糊的半径大小。

（2）【光圈属性】：设置摄像机镜头的属性。

①【形状】：用来控制摄像机镜头的形状。一共有三角形、正方形、五边形、六边形、七边形、八边形、九边形和十边形 8 种。

②【圆度】：用来设置镜头的圆滑度。

③【长宽比】：用来设置镜头的画面比率。

（3）【模糊图】：用来读取模糊图像的相关信息。

①【图层】：指定设置镜头模糊的参考图层。

②【声道】：指定模糊图像的图层通道。

③【位置】：指定模糊图像的位置。

④【模糊焦距】：指定模糊图像焦点的距离。

⑤【反转模糊图】：用来反转图像的焦点。

（4）【高光】：用来设置镜头的高光属性。

①【增益】：用来设置图像的增益值。

②【阈值】：用来设置图像的阈值。

③【饱和度】：用来设置图像的饱和度。

4. 通道模糊滤镜

通道模糊滤镜可以分别对图像中的红色、绿色、蓝色和 Alpha 通道进行模糊。执行【效果 – 模糊和锐化 – 通道模糊】菜单命令，然后在【效果控件】面板中展开【通道模糊】滤镜的属性（图 10–4）。

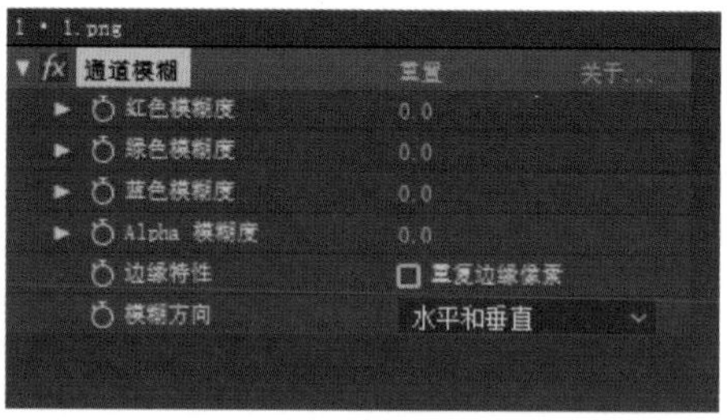

图 10–4 【通道模糊】滤镜

参数解析如下。

（1）【红色模糊度】：用来设置图像红色通道的模糊强度。

（2）【绿色模糊度】：用来设置图像绿色通道的模糊强度。

（3）【蓝色模糊度】：用来设置图像蓝色通道的模糊强度。

（4）【Alpha 模糊度】：用来设置图像 Alpha 通道的模糊强度。

（5）【边缘特性】：用来设置图像边缘模糊的重复值。

（6）【模糊方向】：用来设置图像模糊的方向。

5. 定向模糊滤镜

定向模糊滤镜可以使图像产生运动幻觉的效果。执行【效果 – 模糊和锐化 – 定向模糊】菜单命令，然后在【效果控件】面板中展开【定向模糊】滤镜的属性，如图 10–5 所示。

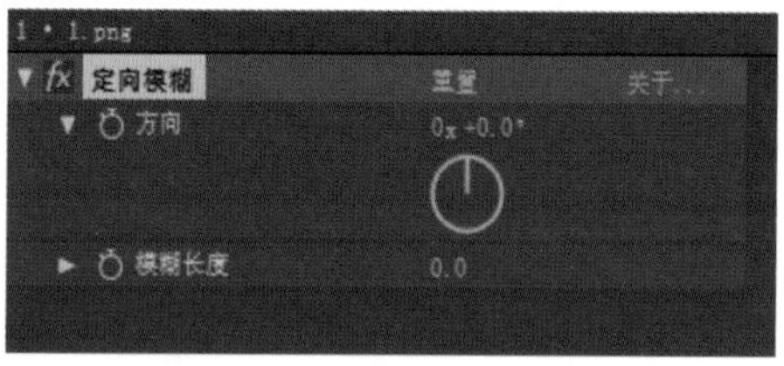

图 10–5 【定向模糊】滤镜

参数解析如下。

（1）【方向】：用来设置图像的模糊方向。

（2）【模糊长度】：用来设置图像的强度。

6. 径向模糊滤镜

径向模糊滤镜围绕自定义的一个点产生模糊效果，常用来模拟镜头的推拉和旋转效果。在图层高质量开关打开的情况下，可以指定抗锯齿的程度，在草图质量下没有抗锯齿作用。

执行【效果 – 模糊和锐化 – 径向模糊】菜单命令，然后在【效果控件】面板中展开【径向模糊】滤镜的属性（图 10–6）。

参数解析如下。

（1）【数量】：设置径向模糊的强度。

（2）【中心】：设置径向模糊的中心位置。

（3）【类型】：设置径向模糊的样式，一共有 2 种样式。

①【旋转】：围绕自定义的位置点，模拟镜头旋转的效果。

②【缩放】：围绕自定义的位置点，模拟镜头推拉的效果。

（4）【消除锯齿（最佳品质）】：设置图像的质量。

7. 智能模糊滤镜

智能模糊滤镜可以在保留线条和轮廓的基础上模糊图像。执行【效果 – 模糊和锐化 – 智能模糊】

菜单命令，然后在【效果控件】面板中展开【智能模糊】滤镜的属性（图 10-7）。

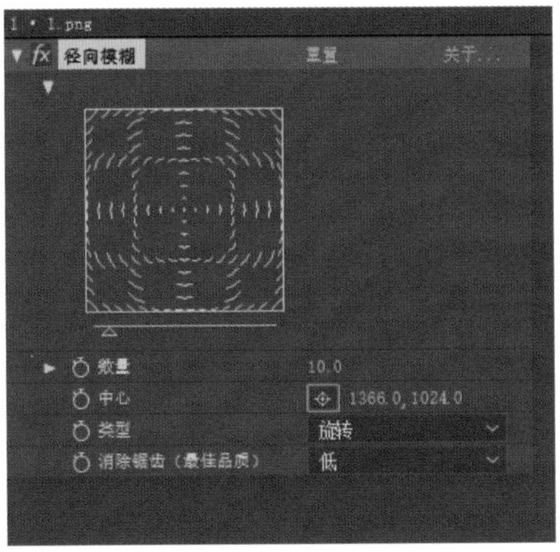

图 10-6 【径向模糊】滤镜

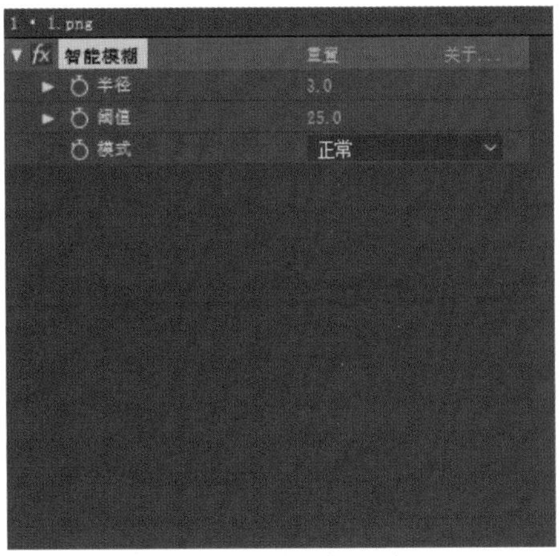

图 10-7 【智能模糊】滤镜

参数解析如下。

（1）【半径】：设置智能模糊的半径。

（2）【阈值】：设置模糊的强度。

（3）【模式】：设置智能模糊的模式。

①【正常】：正常显示图像智能模糊后的效果。

②【仅限边缘】：单独显示图像的轮廓线条。

③【叠加边缘】：图像的线条轮廓覆盖在原始图像上。

8. 减少交错闪烁滤镜

减少交错闪烁滤镜在交错媒体（例如 NTSC 制式的视频）中使用，以减少高纵向频率来使图像更稳定。很细的横向扫描线在电视上播放时会闪烁，该滤镜可以添加纵向的模糊来柔化水平边界以减少闪烁。

执行【效果 – 过时 – 减少交错闪烁】菜单命令，然后在【效果控件】面板中展开【减少交错闪烁】滤镜的属性（图 10-8）。

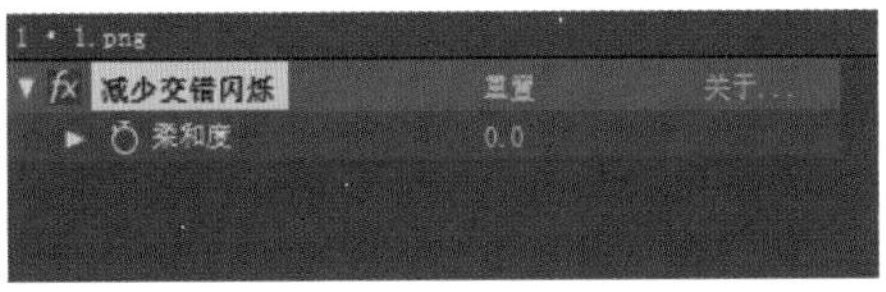

图 10-8 【减少交错闪烁】滤镜

参数解析如下。

【柔和度】：设置减少交错闪烁的柔和度。

第二节 锐化滤镜

锐化滤镜可以使图像变得清晰。本节主要介绍常用的锐化滤镜和钝化蒙版滤镜。

1. 锐化滤镜

锐化滤镜可以在图像颜色发生变化的地方提高对比度。图层的质量设置不影响锐化效果。执行【效果 – 模糊和锐化 – 锐化】菜单命令，然后在【效果控件】面板中展开【锐化】滤镜的属性（图

10−9）。

参数解析如下。

【锐化量】：设置图像的锐化程度。

2. 钝化蒙版滤镜

钝化蒙版滤镜用于增加那些能够定义边界的颜色的对比度。执行【效果 – 模糊和锐化 – 钝化蒙版】菜单命令，然后在【效果控件】面板中展开【钝化蒙版】滤镜的属性（图 10−10）。

图 10−9 【锐化】滤镜

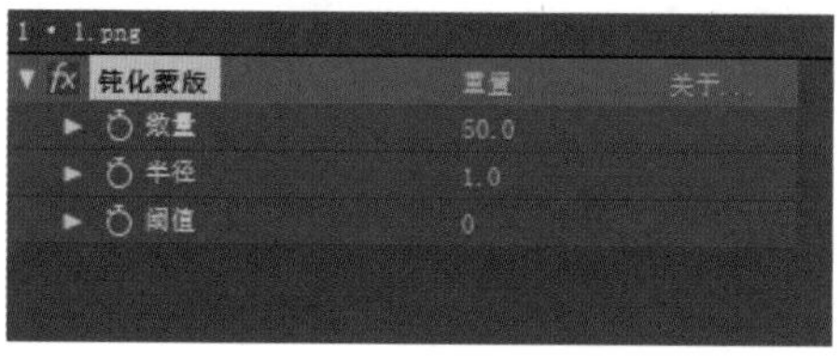

图 10−10 【钝化蒙版】滤镜

参数解析如下。

（1）【数量】：设置钝化蒙版的强度。

（2）【半径】：设置钝化蒙版的半径。

（3）【阈值】：设置钝化蒙版的阈值。

思考与练习

(1) 用摄像机镜头模糊滤镜设计并制作一张图片。

(2) 用钝化蒙版滤镜设计并制作一张图片。

第十一章

过渡滤镜组

过渡滤镜：过渡效果（除光圈擦除效果）都具有“过渡完成”属性。当“过渡完成”属性为 100% 时，过渡结束，底层图层显现。应用该效果的图层是完全透明的。

第一节 块 溶 解

块溶解效果：使图层消失在随机块中。该效果可以以像素为单位设置溶解块的宽度和高度。该效果适用于 8-bpc 和 16-bpc 颜色。操作示例如下。

（1）新建合成，设置时间为 10s，背景色为黑色，其余参数见图 11-1。导入图片“样图 .jpg”。

（2）单击选中合成中的“样图 .jpg”，点击导航栏【效果 - 过渡 - 块溶解】，如图 11-2 所示。

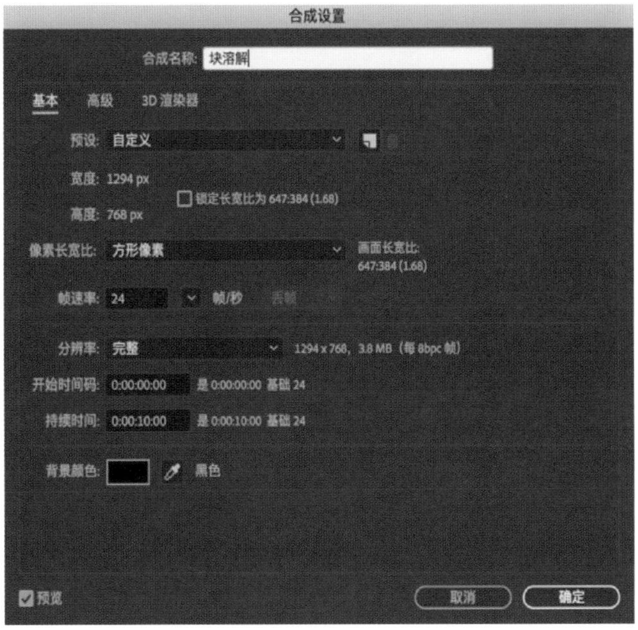

图 11-1 “块溶解”参数设置

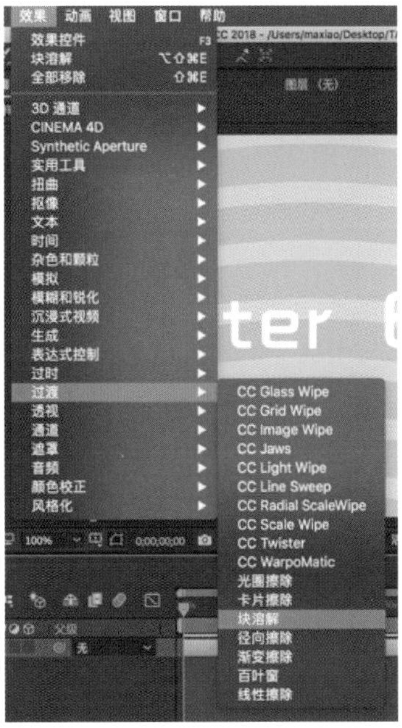

图 11-2 点击【效果 - 过渡 - 块溶解】

（3）调整时间轴到 0s 处，添加【过渡完成】效果关键帧，数值设置为 0%；调整时间轴到 10s 处，设置【过渡完成】效果关键帧，数值为 100%，完成过渡。

（4）具体调整【块溶解】参数设置，设置块高度为 20，块宽度为 20，羽化为 80，开启柔化边缘（图 11-3）。

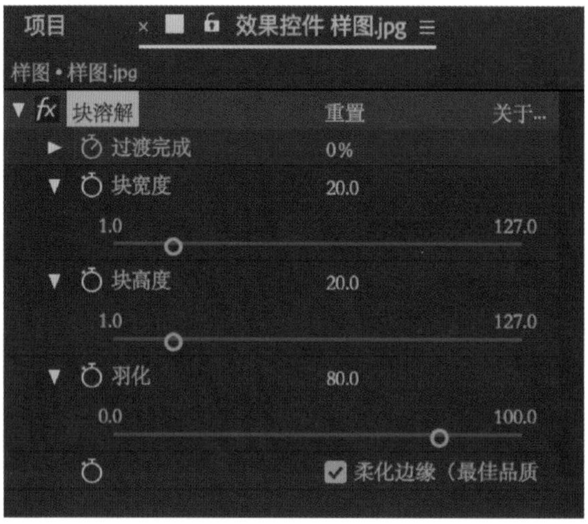

图 11-3 【块溶解】参数设置

（5）播放预览合成效果，并保存合成。

小贴士

【羽化】：在羽化中，不勾选【柔化边缘】时，溶解块边缘清晰；勾选【柔化边缘】时，溶解块边缘模糊。

第二节 卡片擦除

卡片擦除效果：此效果模拟一组卡片，这组卡片先显示一张图片，然后翻转切换显示另一张图片。通过调整预设参数，该效果可以对卡片的行数和列数、翻转方向以及过渡方向进行控制，以及使用渐变来确定翻转顺序的功能，并且能够和卡片动画效果共享许多控件。此效果适用于 8-bpc 颜色。操作示例如下。

（1）新建合成“卡片擦除”，背景色设置为白色，时间 10s。其他参数如图 11-4 所示。

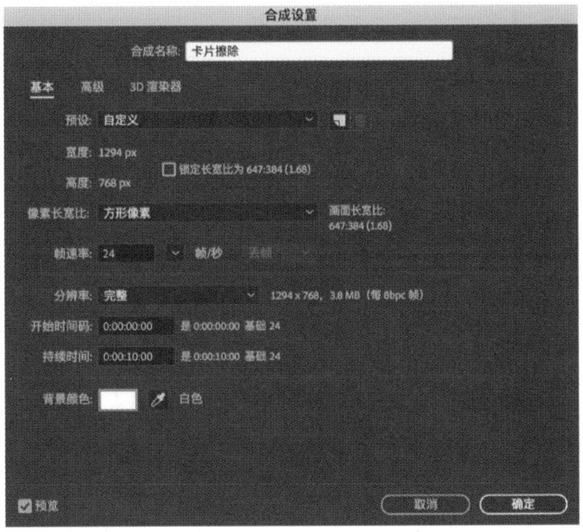

图 11-4　“卡片擦除”参数设置

（2）向合成中导入图片“样图 .jpg”“卡片 .jpg”。

（3）设置图片“卡片 .jpg”持续时间为 0 ～ 5s，“样图 .jpg”持续时间为 5 ～ 10s（图 11-5）。

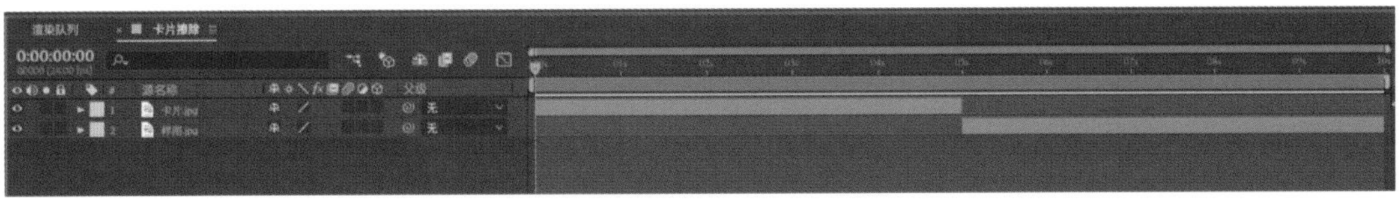

图 11-5　设置持续时间

（4）单击选中合成中的“卡片 .jpg”，点击导航栏【效果－过渡－卡片擦除】，如图 11-6 所示。

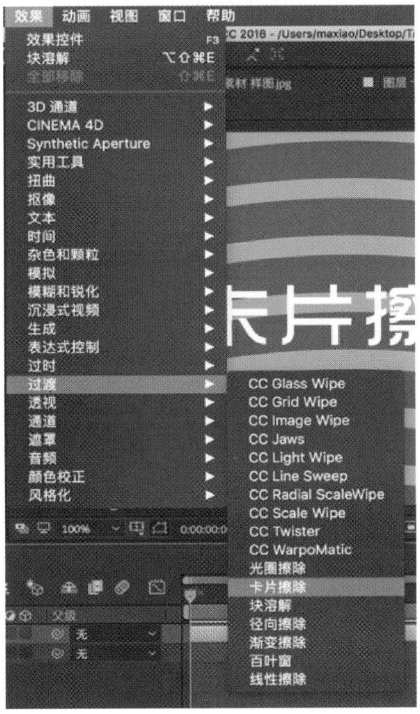

图 11-6　点击【卡片擦除】

（5）调整时间轴到 0s 处，添加【过渡完成】效果关键帧，数值设置为 0%，调整时间轴到 5s 处，设置【过渡完成】效果关键帧，数值为 100%，完成过渡。

（6）具体调整参数设置，设置过渡宽度为 50%，背面图层选择“样图 .jpg”，行数设为 5，列数设为 10。其他参数如图 11–7 所示。

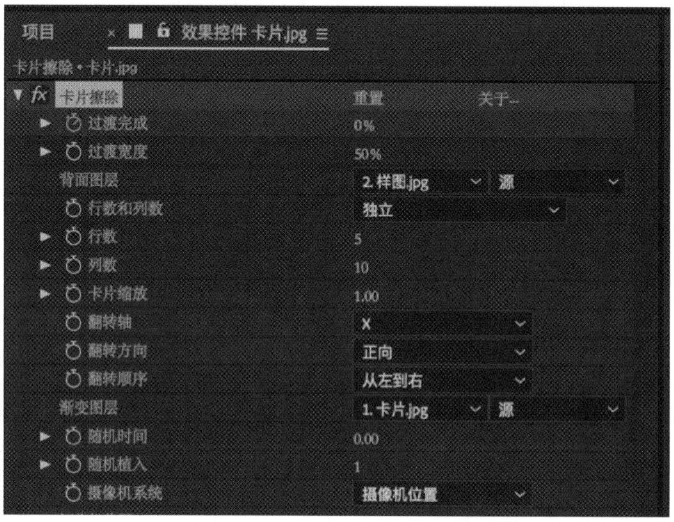

图 11–7　调整【卡片擦除】参数

（7）播放预览合成效果，并保存合成。

小贴士

基本控件

【过渡宽度】：从原始图像更改到新图像的区域的宽度。

【背面图层】：在卡片背面分段显示的图层，可设置为合成中的任何图层。

【行数和列数】：指定行数和列数的相互关系。【独立】选项可同时设置行数和列数。【列数受行数控制】选项只能设置行数，并且列数始终与行数相同。

【行数】：行的数量，最多 1000 行。

【列数】：列的数量，最多 1000 列。

【卡片缩放】：控制卡片的大小。数值小于 1 时，按比例缩小卡片，显示间隙中的底层图层。数值大于 1 时，按比例放大卡片，在卡片相互重叠时创建块状的马赛克效果。

【翻转轴】：每个卡片绕其翻转的轴。

【翻转方向】：卡片绕其轴翻转的方向。

【翻转顺序】：过渡发生的方向。

【渐变图层】：要用于【翻转顺序】的渐变图层。可使用合成中的任何图层。

【随机时间】：随机化过渡的时间。此控件设置为 0，卡片按顺序翻转。值越高，卡片翻转顺序的随机性越大。

【摄像机系统】：选择使用效果的【摄像机位置】属性、【边角定位】属性，还是默认的合成摄像机和光照位置来渲染卡片的 3D 图像。

小贴士

摄像机位置控件

【X 轴旋转】【Y 轴旋转】【Z 轴】旋转：围绕相应的轴旋转摄像机。使用控件从上面、侧面、背面或其他任何角度查看卡片。

【X 位置、Y 位置】：摄像机在 X 轴、Y 轴上的位置。

【Z 位置】：摄像机在 Z 轴上的位置。数值小，摄像机接近卡片；数值大，摄像机远离卡片。

【焦距】：摄像机到图像的距离。焦距越小，视角越大。

【变换顺序】：摄像机围绕其三个轴旋转的顺序，并设置摄像机是在使用其他“摄像机位置”控件定位之前还是之后旋转。

小贴士

边角定位控件

边角定位是备用的摄像机控制系统。此控件可用作辅助控件，以便将效果的结果合成到相对于帧倾斜的平面上的场景中。

【左上角】【右上角】【左下角】【右下角】：附加图层每个角的位置。

【自动焦距】：控制动画期间效果的透视。取消选择自动焦距，程序将使用指定的焦距查找摄像机位置和方向，以便在边角固定点放置图层的角。选择自动焦距，将在可能的情况下使用匹配边角点所需的焦距。

【焦距】：为焦距设置的值不等于固定点实际在该配置中时焦距本该使用的值，图像看起来可能异常。如果有匹配的焦距，则此控件是获得正确结果的最简单方法。

小贴士

抖动控件

抖动控件分为位置抖动和旋转抖动，添加抖动控件可使过渡更加逼真。抖动可在过渡发生之前、发生过程中和发生之后对卡片生效。

【位置抖动】：指定X轴、Y轴和Z轴的抖动量和速度。X抖动量、Y抖动量和Z抖动量指定额外运动的量。X抖动速度、Y抖动速度和Z抖动速度值指定每个抖动量选项的抖动速度。

【旋转抖动】：指定围绕X轴、Y轴和Z轴的旋转抖动的量和速度。X旋转抖动量、Y旋转抖动量和Z旋转抖动量指定沿某个轴旋转抖动的量。值设为90°，使卡片可在任意方向最多旋转90°。X旋转抖动速度、Y旋转抖动速度和Z旋转抖动速度值指定旋转抖动的速度。

第三节 渐变擦除

渐变擦除效果：图层中的像素基于另一个图层（称为渐变图层）中相应像素的明亮度值变得透明。渐变图层中的深色像素导致对应像素以较低的过渡完成值变得透明。例如，从左到右由黑变白的简单灰度渐变图层导致底层图层随着过渡完成值的增大从左到右显示。渐变图层可以是静止图像，也可以是活动图像。渐变图层必须与应用“渐变擦除”的图层位于同一合成中。此效果适用于8-bpc和16-bpc颜色。操作示例如下。

（1）新建合成“渐变擦除”，背景色设置白色，时间5s。其他参数如图11-8所示。

（2）导入图片“样图.jpg”和“渐变.jpg”，分别设置图片持续时间为5s。设置“渐变.jpg”为不可见，如图11-9所示。

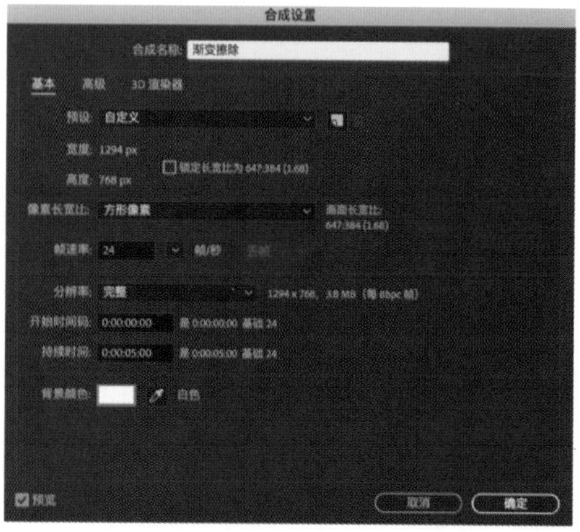

图11-8 “渐变擦除”参数设置

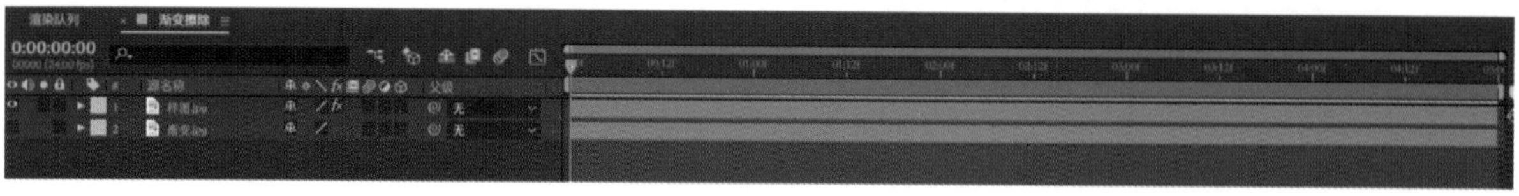

图11-9 设置持续时间

（3）单击选中合成中“样图.jpg”，点击导航栏【效果－过渡－渐变擦除】，如图11-10所示。

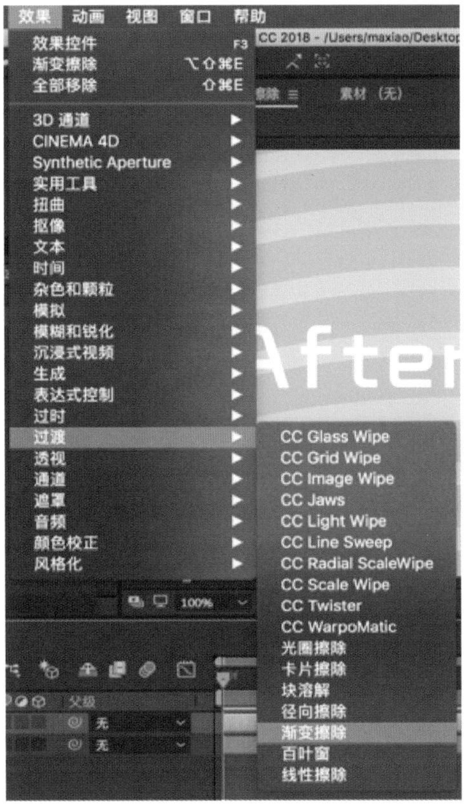

图 11-10 点击【渐变擦除】

（4）调整时间轴到 0s 处，添加【过渡完成】效果关键帧，数值设置为 0%，调整时间轴到 4s 处，设置【过渡完成】效果关键帧数值为 100%，完成过渡，如图 11-11 所示。

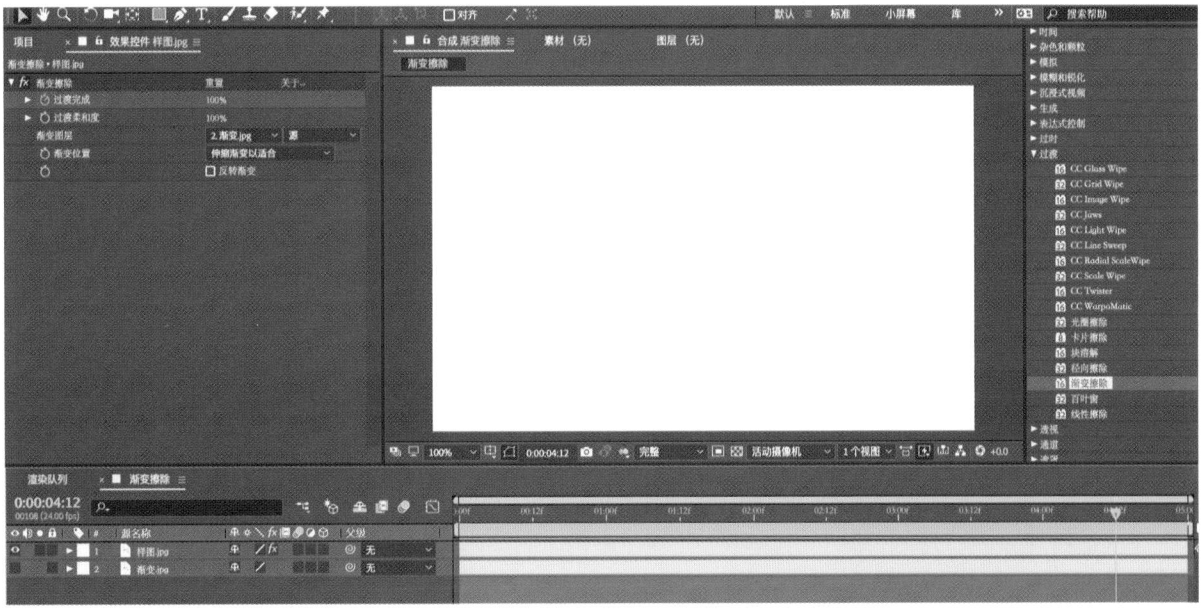

图 11-11 【过渡完成】效果关键帧

（5）具体调整参数设置，设置过渡柔和度为 100%，渐变位置选择“渐变 .jpg”。其他参数如图 11-12 所示。

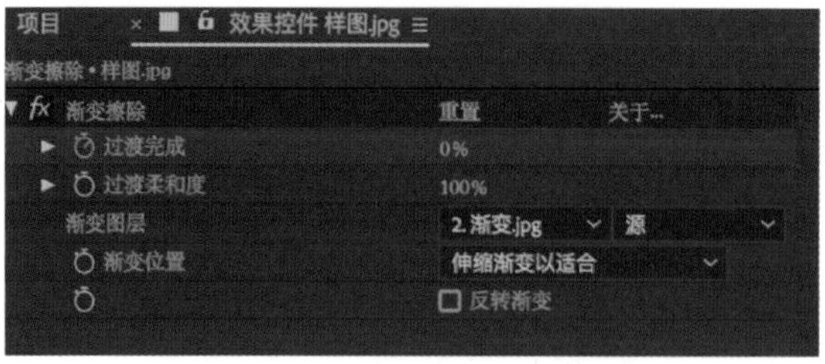

图 11-12　调整参数设置

（6）播放预览合成效果，并保存合成。

小贴士

【过渡柔和度】：调整每个像素渐变的程度。值为 0 时，应用该效果的图层中的像素将是完全不透明或完全透明的。值大于 0 时，在过渡的中间阶段像素是半透明的。

【渐变位置】：渐变图层的像素如何映射到应用该效果的图层中的像素。

【拼贴渐变】：使用渐变图层的多个平铺副本。

【中心渐变】：在图层中心使用渐变图层的单个实例。

【伸缩渐变以适合】：在水平和垂直方向调整渐变图层的大小以适合图层的全部区域。

【反转渐变】：反转渐变图层的影响，使渐变图层中的较浅像素以低于较深像素的过渡完成值创建透明度。

第四节　光圈擦除

光圈擦除效果：创建显示底层图层的径向过渡。光圈擦除效果是唯一不具有过渡完成属性的过渡效果。要对光圈擦除效果设置动画以显示底层图层，需要对半径属性设置动画。指定使用 6 ~ 32 点的范围创建光圈所用的点数，并指定是否使用内径。选中【使用内径】，可以同时指定内径和外径的值。若将外径或内径设置为 0，光圈不可见。外径和内径设置为相同的值时，光圈最圆。此效果适用于 8-bpc 和 16-bpc 颜色。（在 After Effects CS6 及更高版本中，此效果适用 32 位颜色）。操作示例如下。

（1）新建合成“光圈擦除”，背景色设置为白色，时间为 10s。其他参数设置如图 11-13 所示。

（2）导入图片“样图 .jpg”和“光圈 .jpg”。设置图片“样图 .jpg”的持续时间为 10s（图 11-14）。设置“光圈 .jpg”的持续时间为 7s。

（3）单击选中合成中“光圈 .jpg”，点击导航栏【效果 - 过渡 - 光圈擦除】，如图 11-15 所示。

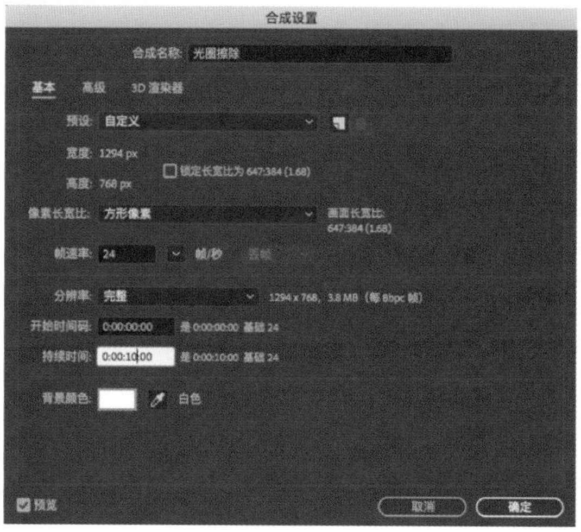

图 11-13　“光圈擦除”参数设置

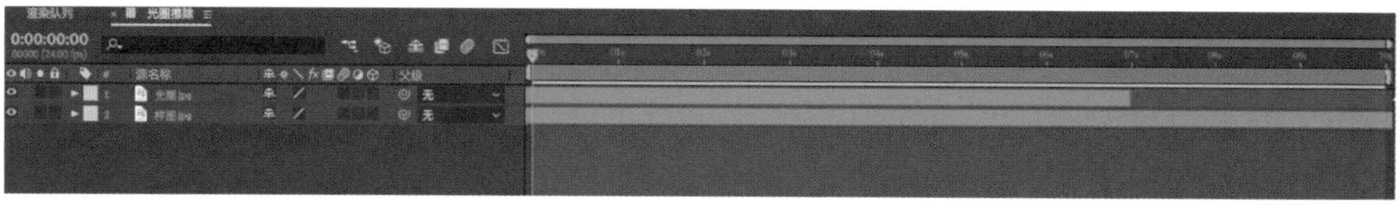

图 11-14　设置持续时间

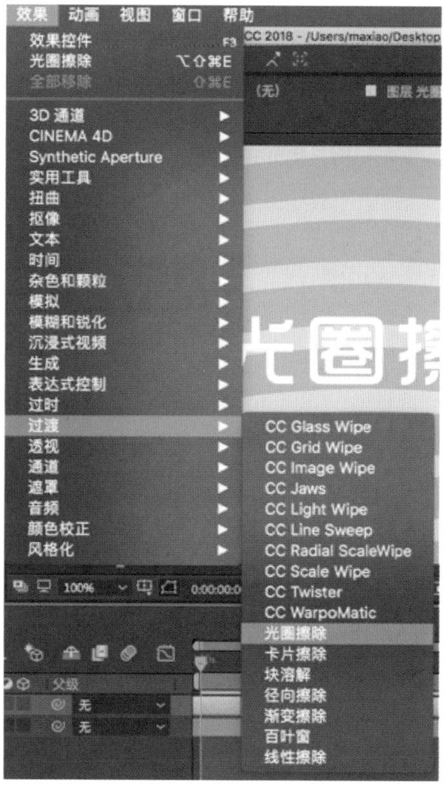

图 11-15　点击【光圈擦除】

（4）调整时间轴到 0s 处，添加【外径】效果关键帧，数值设置为 0，调整时间轴到 7s 处，设置【外径】效果关键帧数值为 780，如图 11-16 所示。

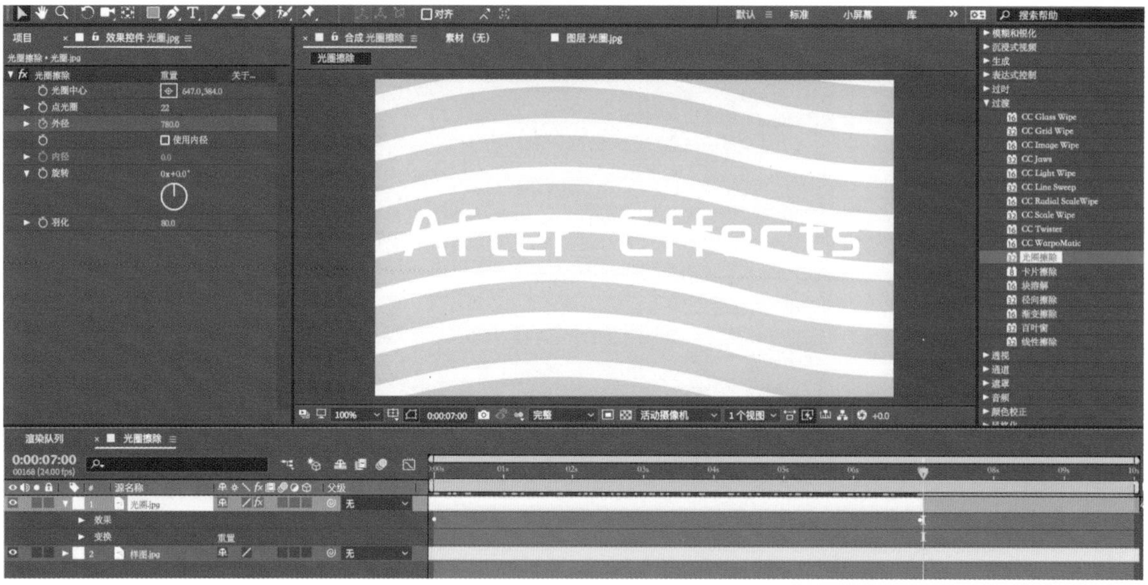

图 11-16 【外径】效果关键帧

（5）设置点光圈数值为 22，光圈中心为 647、384，羽化值为 80。其他数值如图 11-17 所示。

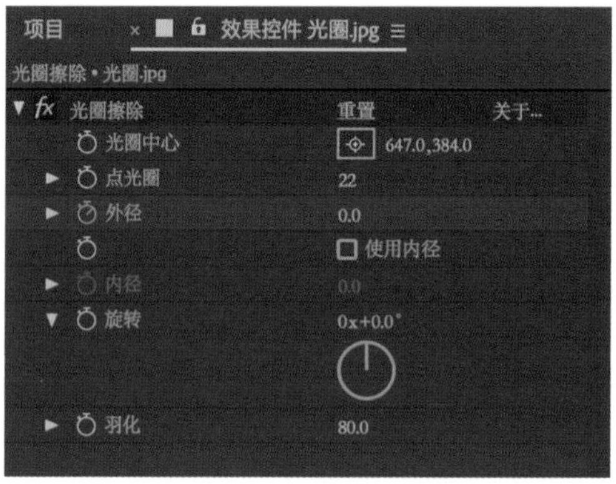

图 11-17 设置相关参数

（6）播放预览合成效果，并保存合成。

第五节 线 性 擦 除

线性擦除效果：按指定方向对图层执行简单的线性擦除。此效果适用于 8-bpc 和 16-bpc 颜色。操作示例如下。

（1）新建合成“线性擦除”，背景色设置为白色，时间为 5s。其他参数如图 11-18 所示。

（2）导入图片“样图 .jpg”。设置图片“样图 .jpg”的持续时间为 4s。

（3）单击选中合成中的“样图 .jpg”，点击导航栏【效果 – 过渡 – 线性擦除】，如图 11-19 所示。

（4）调整时间轴到 0s 处，添加【过渡完成】效果关键帧，数值设置为 0%，调整时间轴到 4s 处，设置【过渡完成】效果关键帧数值为 100%，如图 11-20 和图 11-21 所示。

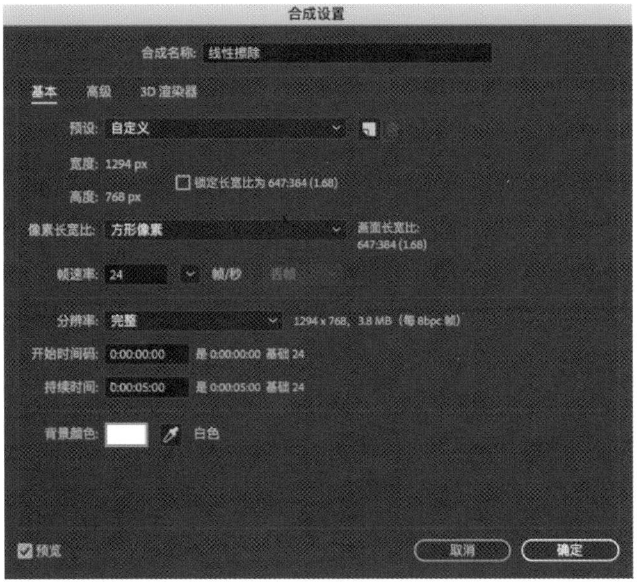

图 11-18　“线性擦除”参数设置

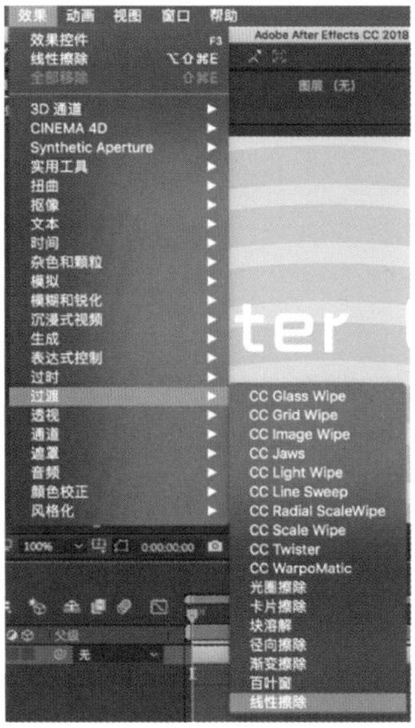

图 11-19　点击【线性擦除】

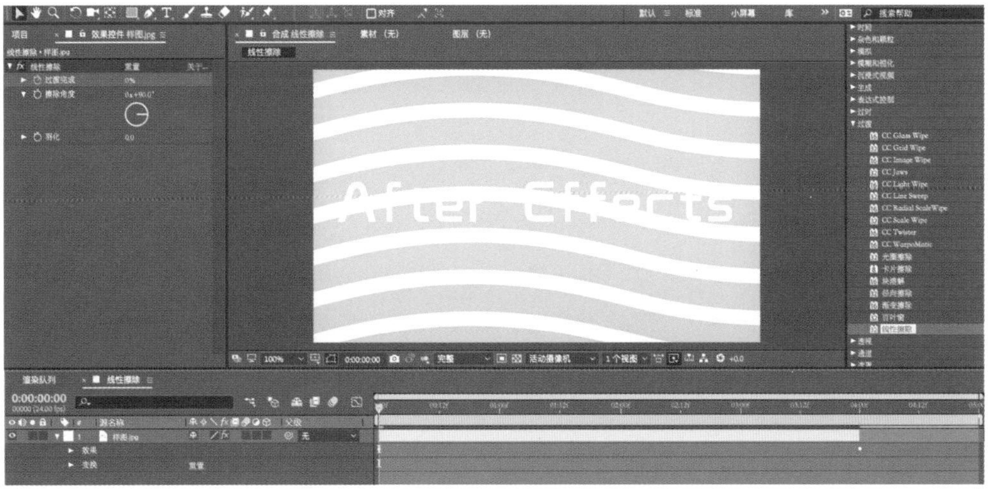

图 11-20　【过渡完成】效果关键帧一

图 11-21　【过渡完成】效果关键帧二

（5）设置羽化数值为 80。其他数值如图 11–22 所示。

图 11–22 【线性擦除】参数设置

（6）播放预览合成效果，并保存合成。

小贴士

【擦除角度】：擦除的方向。例如，如果角度设为 90° ，将从左到右进行擦除。

第六节 径向擦除

径向擦除效果：使用环绕指定点的擦除显示底层图层。此效果适用于 8–bpc 和 16–bpc 颜色。操作示例如下。

（1）新建合成“径向擦除”，背景色设置为白色，时间为 5s。其他参数如图 11–23 所示。

（2）导入图片“样图 .jpg”。设置图片“样图 .jpg”的持续时间为 4s。

（3）单击选中合成中的“样图 .jpg”，点击导航栏【效果 – 过渡 – 径向擦除】，如图 11–24 所示。

（4）调整时间轴到 0s 处，添加【过渡完成】效果关键帧，数值设置为 0%，调整时间轴到 4s 处，设置【过渡完成】效果关键帧数值为 100%。

（5）设置羽化数值为 60。其他数值如图 11–25 所示。

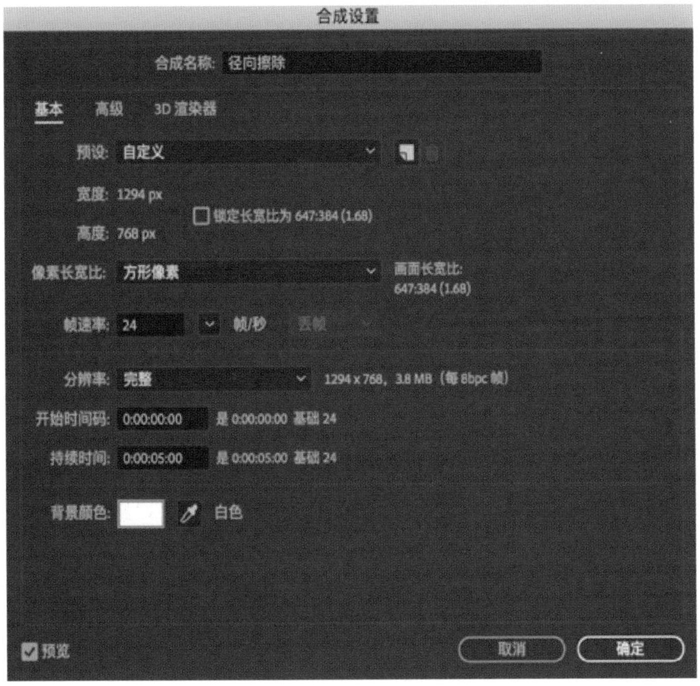

图 11-23　设置参数

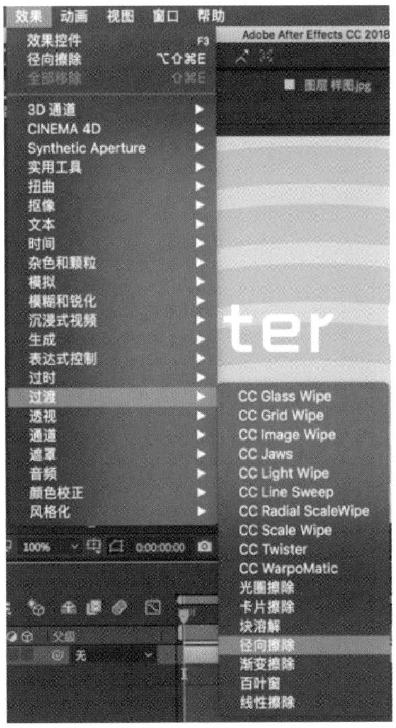

图 11-24　点击【径向擦除】

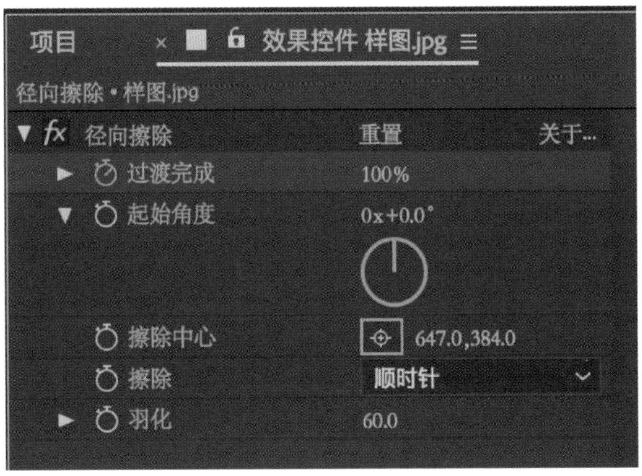

图 11-25　【径向擦除】参数设置

（6）播放预览合成效果，并保存合成。

小贴士

【起始角度】：过渡开始的角度。起始角度为 0° 时，过渡从顶部开始。

【擦除】：指定过渡是顺时针或逆时针移动，也可在两个方向之间设置交替移动。

第七节　百　叶　窗

百叶窗效果：用具有指定方向和宽度的条显示底层图层。此效果适用于 8-bpc 和 16-bpc 颜色。操作示例如下。

（1）新建合成“百叶窗”，背景色设置白色，时间为 5s。其他参数如图 11-26 所示。

（2）导入图片“样图 .jpg”。设置图片“样图 .jpg”的持续时间为 4s。

（3）单击选中合成中“样图 .jpg”，点击导航栏【效果 - 过渡 - 百叶窗】，如图 11-27 所示。

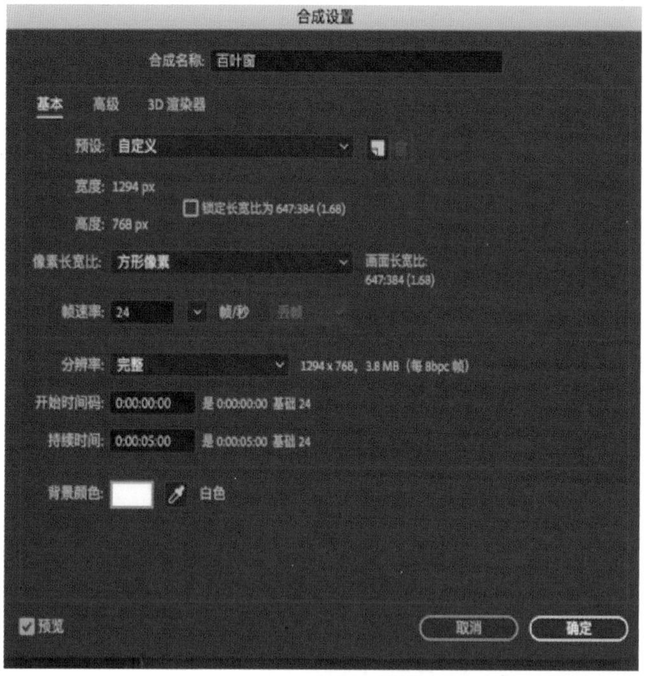

图 11-26　其他参数

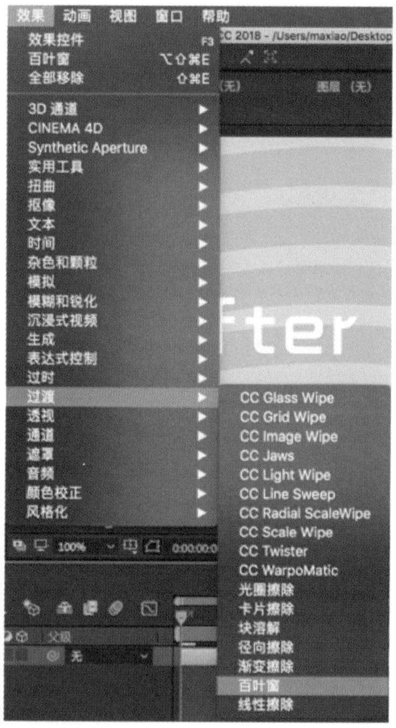

图 11-27　点击【百叶窗】

（4）调整时间轴到 0s 处，添加【过渡完成】效果关键帧，数值设置为 0%；调整时间轴到 4s 处，设置【过渡完成】效果关键帧数值为 100%。

（5）设置宽度数值为 100，羽化数值为 40。其他参数设置如图 11-28 所示。

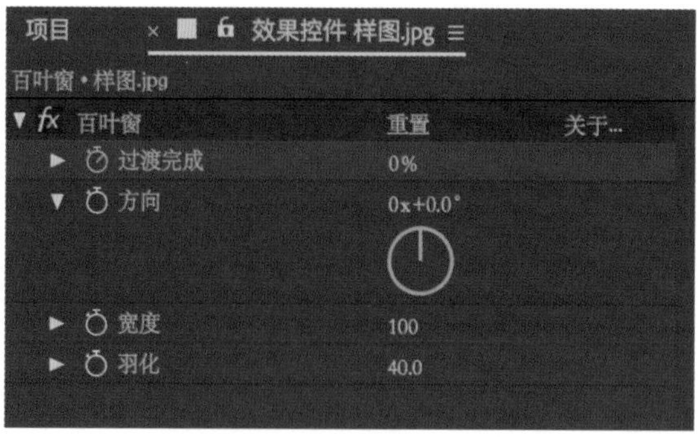

图 11-28　【百叶窗】参数设置

（6）播放预览合成效果，并保存合成。

第八节　拓展案例

拓展案例将应用本章讲述的效果，制作常用的转场特效动画。操作示例如下。

（1）新建合成“拓展 13”，背景色设置为白色，时间为 15s。其他参数如图 11-29 所示。

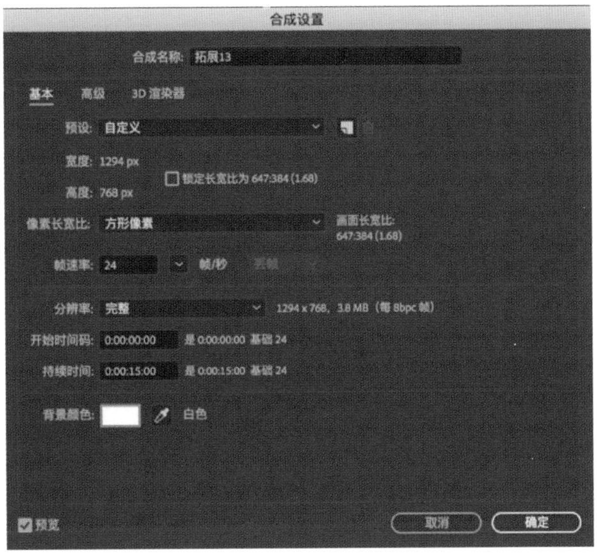

图 11-29　参数

（2）导入图片“样图 .jpg”“1.jpg”“2.jpg”“3.jpg”“4.jpg”“5.jpg”“6.jpg”，并在合成中创建一个纯色图层，点击【图层 - 新建 - 纯色】。

（3）设置各个图层的持续时间与位置，如图 11-30 所示。

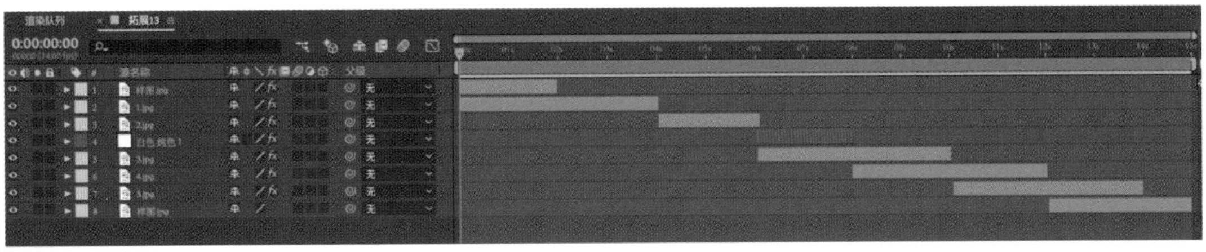
图 11-30　设置持续时间与位置

（4）单击选中合成中置于最前的“样图 .jpg”，点击导航栏【效果 - 过渡 - 块溶解】。在效果控件中设置块宽度为 32，块高度为 14。调整时间轴到 0s 处，添加【过渡完成】效果关键帧，数值设置为 0%。调整时间轴到 2s 处，设置【过渡完成】效果关键帧数值为 100%。其他参数设置如图 11-31 和图 11-32 所示。

（5）单击选中合成中的“1.jpg”，点击导航栏【效果 - 过渡 - 卡片擦除】。在效果控件中设置背面图层为 3.2.jpg，行数为 5，列数为 9，如图 11-33 所示。调整时间轴到 2s 处，添加【过渡完成】效果关键帧，数值设置为 0%。调整时间轴到 4s 处，设置【过渡完成】效果关键帧数值为 100%。

图 11-31 【过渡完成】参数设置一

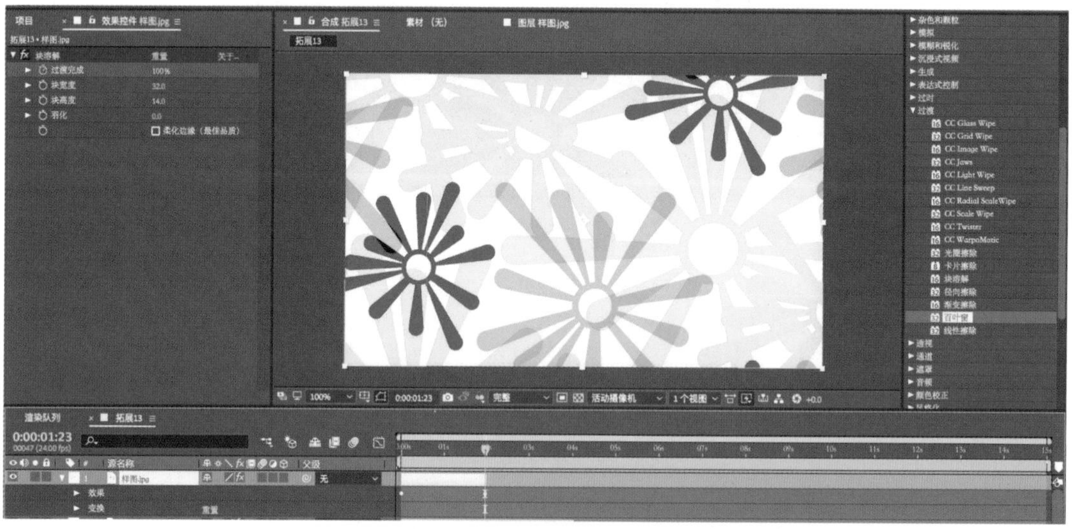

图 11-32 【过渡完成】参数设置二

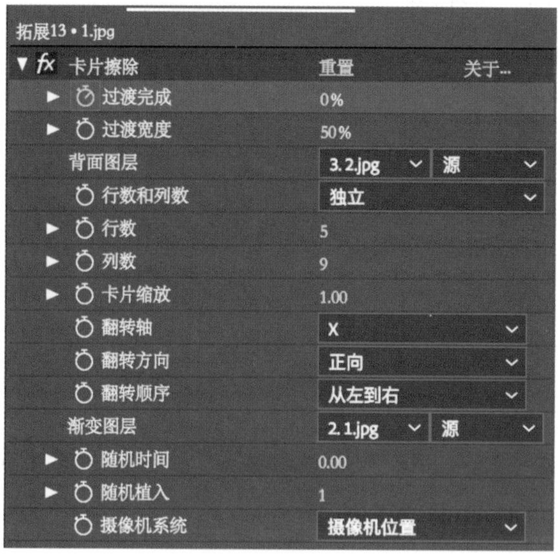

图 11-33 设置【卡片擦除】参数

（6）单击选中合成中的“2.jpg”，点击导航栏【效果 – 过渡 – 渐变擦除】。在效果控件中设置柔和度为 25%，渐变图层为“5.3.jpg”。调整时间轴到 4s 处，添加【过渡完成】效果关键帧，数值设置为 0%，如图 11–34 所示。调整时间轴到 6s 处，设置【过渡完成】效果关键帧数值为 100%。

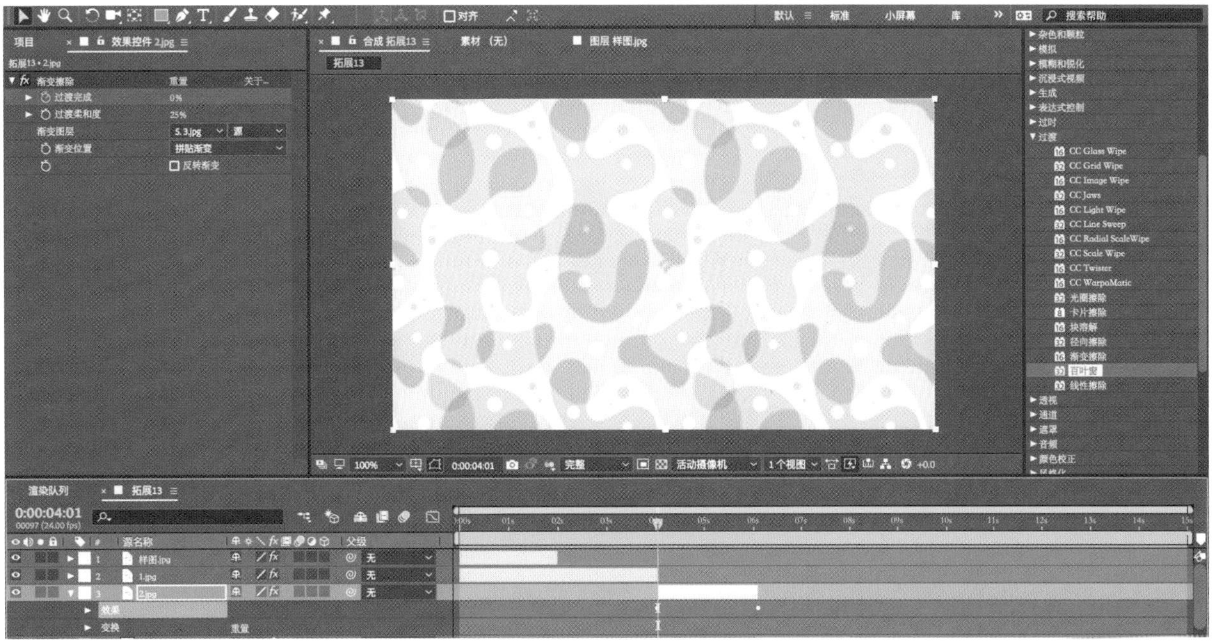

图 11–34　【过渡完成】参数设置

（7）单击选中合成中的“白色 纯色 1”，点击导航栏【效果 – 过渡 – 光圈擦除】。在效果控件中设置点光圈为 31。调整时间轴到 6s 处，添加【外径】效果关键帧，数值设置为 0（图 11–35），调整时间轴到 8s 处，设置【外径】效果关键帧数值为 800（图 11–36）。

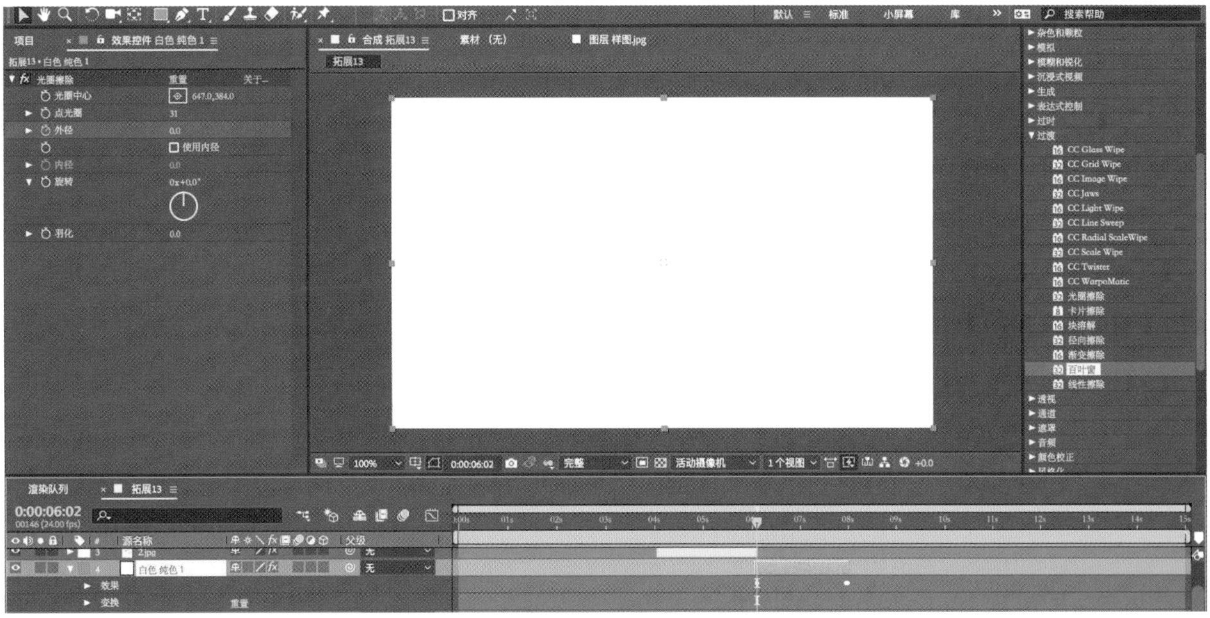

图 11–35　【外径】效果关键帧一

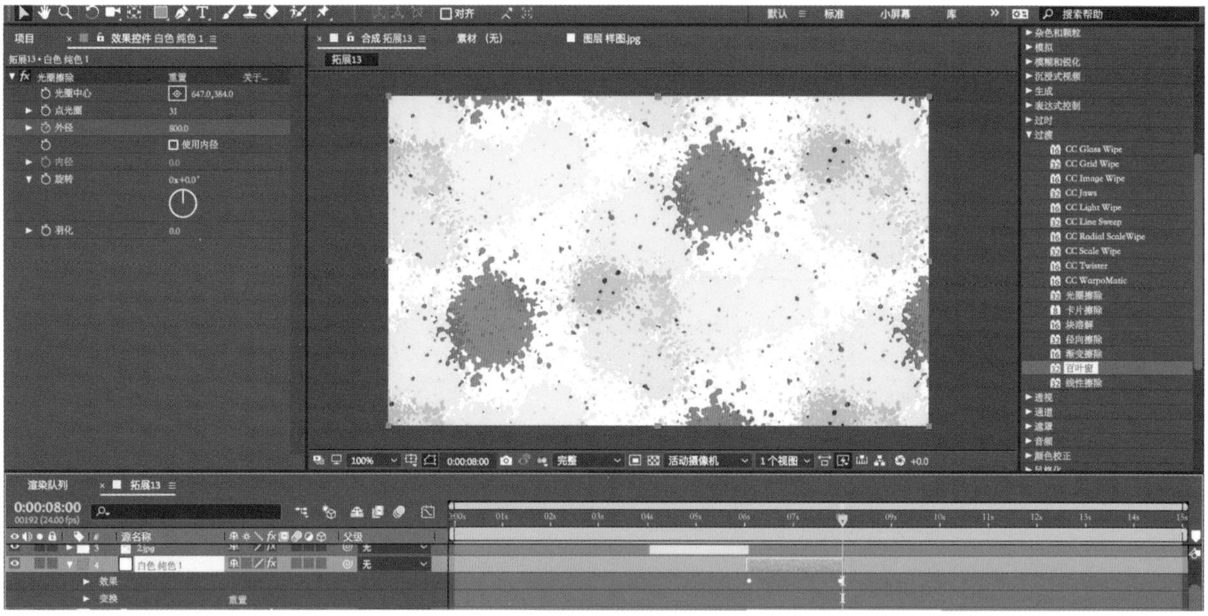

图 11-36 【外径】效果关键帧二

（8）单击选中合成中的“5.3.jpg”，点击导航栏【效果 – 过渡 – 线性擦除】。在效果控件中设置擦除角度为 0x+230°（图 11-37）。调整时间轴到 8s 处，添加【过渡完成】效果关键帧，数值设置为 0%。调整时间轴到 10s 处，设置【过渡完成】效果关键帧数值为 100%（图 11-38）。

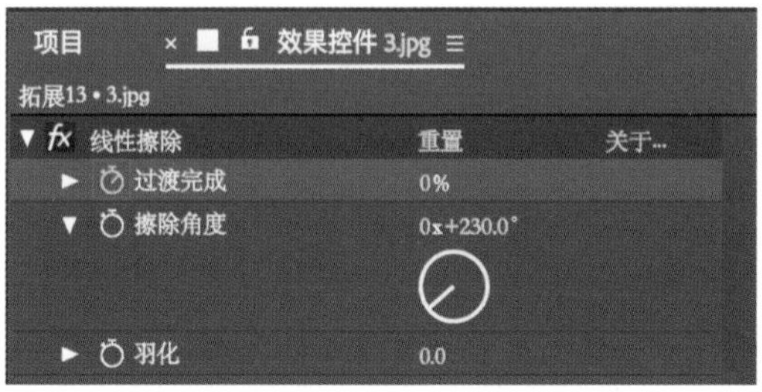

图 11-37 【过渡完成】效果关键帧一

图 11-38 【过渡完成】效果关键帧二

（9）单击选中合成中的“4.jpg”，点击导航栏【效果 – 过渡 – 光圈擦除】。在效果控件中设置起始角度为 0x−120°。调整时间轴到 10s 处，添加【过渡完成】效果关键帧，数值设置为 0%。调整时间轴到 12s 处，设置【过渡完成】效果关键帧数值为 100%。

（10）单击选中合成中的“5.jpg”，点击导航栏【效果 – 过渡 – 百叶窗】。在效果控件中设置方向为 0x+270°，设置宽度为 100。调整时间轴到 12s 处，添加【过渡完成】效果关键帧，数值设置为 0%。调整时间轴到 14s 处，设置【过渡完成】效果关键帧数值为 100%。

（11）播放预览合成效果，并保存合成。

思考与练习

（1）运用卡片擦除效果设计并制作特效动画。

（2）运用光圈擦除效果设计并制作特效动画。

（3）运用百叶窗效果设计并制作特效动画。

第十二章

透视滤镜组

第一节　3D 眼镜

3D 眼镜效果：通过合并左右 3D 视图来创建单个 3D 图像。可用 3D 程序或立体摄像机中的图像作为每个视图的源图像。要创建立体电影图像，先合并视图，并使用不同颜色为每个视图着色。然后使用具有红色和绿色镜片或红色和蓝色镜片的 3D 眼镜立体查看生成的图像。此效果适用于 8-bpc、16-bpc 或 32-bpc 颜色模式。操作示例如下。

（1）新建合成“3D 左”，设置时间为 5s，背景色为白色，其余参数设置如图 12-1 所示，并导入图片“3D.jpg”。

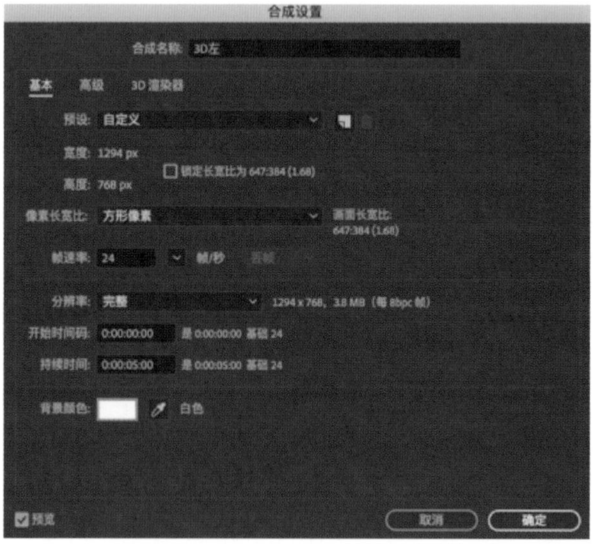

图 12-1　参数设置

（2）复制合成“3D 左”，将复制后得到的合成命名为“3D 右”。

（3）设置“3D 左”合成中图片“3D.jpg”的位置为“627，384”。“3D 右”合成中图片“3D.jpg”的位置为“667，384”。如图 12-2 和图 12-3 所示。

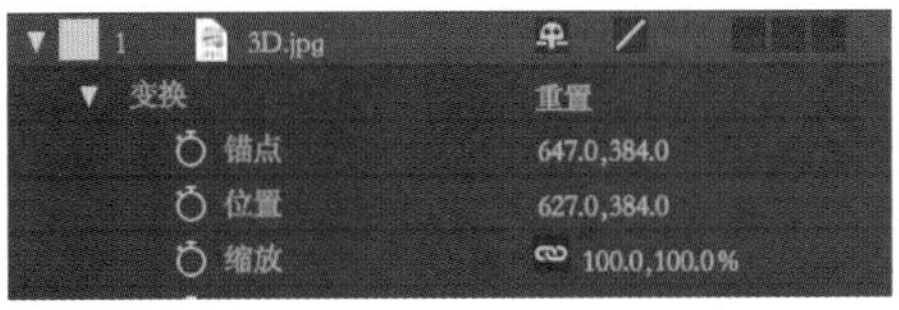

图 12-2　位置一

图 12-3　位置二

（4）新建合成“合成总”合成设置如图 12-4 所示。并将合成“3D 左”与“3D 右”放入“合成总”中。

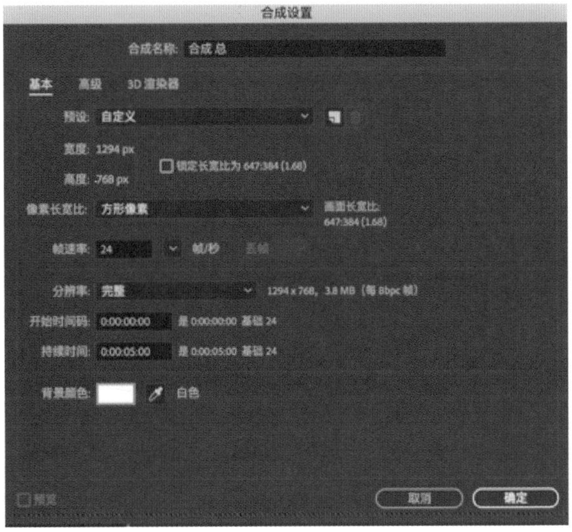

图 12-4　将“3D 左”和“3D 右”放入“合成总”中

（5）新建纯色图层，点击选择【图层 – 新建 – 纯色】（图 12-5）。纯色图层参数设置如图 12-6 所示。

图 12-5　点击【纯色】

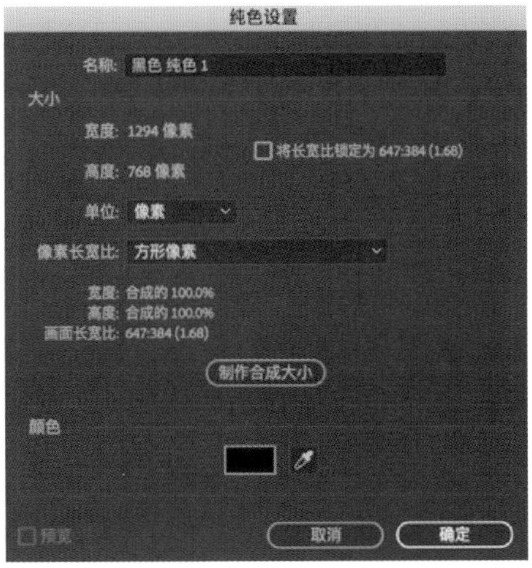

图 12-6　参数设置

（6）单击选中合成中“黑色 纯色 1”，点击导航栏【效果 – 透视 –3D 眼镜】。

（7）设置【3D 眼镜】参数，设置“左视图”为“3.3D 左”，设置“右视图”为“2.3D 右”，“3D 视图”为“平衡红蓝染色”。调整“平衡”参数为“10”，如图 12-7 所示。

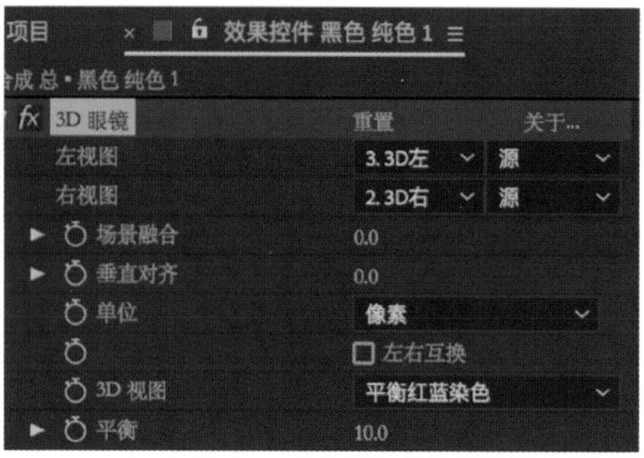

图 12-7　设置【3D 眼镜】参数

（8）播放预览合成效果，并保存合成。

小贴士

注 意 事 项

（1）对合成和源图像使用相同的竖向尺寸。

（2）确保图层的“位置”值是整数（如使用 150 替代 149.8）。

（3）在使用【3D 眼镜】效果前使左、右视图图像不交错。

（4）不要在【渲染设置】对话框中选择交错选项。

（5）在使用红色和蓝色图像时，具有红色和蓝色镜片的眼镜中的蓝色实际是青色，而非蓝色。红色和青色是互补颜色，可产生最佳分离效果，因为它们可以更有效地过滤彼此。在使用红色和绿色图像时，可能看似绿色不像红色那么明亮。但是，通过红色和绿色镜片查看图像，可产生均衡的结果，因为绿色的明亮度值比红色高。

小贴士

【左视图】、【右视图】：用作左、右视图的图层。仅需将 3D 眼镜效果应用到合成中的一个图层。如果使用第二个图层，应确保两个图层的大小相同。在合成中，第二个图层不需要可见。

【融合偏移量（场景融合）】：两个视图偏移的数量。使用此控件可影响 3D 元素显示的位置。对齐的任何区域将在屏幕上完全相同的显示点中显示对象。Z 空间中这些区域前面的所有事物均从屏幕伸出。在通过立体眼镜观看场景时，这些区域后面的所有事物均显示在屏幕后面。

【垂直对齐】：控制左、右视图相对于彼此的垂直偏移。

【单位】：指定在【3D 视图】设置为除【立体图像对】或【上下】以外的选项时，

【场景融合】和【垂直对齐】值的度量单位（以像素或源图像的 % 为单位）。

【左右互换】：交换左右视图。它还用于交换其他【3D 视图】模式的视图。

【3D 视图】：合并视图的方式。

【立体图像对（立体图像对（并排））】：缩放两个图层以并排适合效果图层的定界框。选择【左右互换】可创建斜视景象。选择【立体图像对】可禁用【聚合偏移】。

【上下格式】：缩放两个图层，以上下叠放视图方式适合效果图层的定界框。选择【左右互换】可创建斜视景象。选择【立体图像对（并排）】可禁用【屏幕融合】。

【隔行交错高场在左，低场在右】：从【左视图】图层获取高场（第一个），从【右视图】图层获取低场（第二个），将它们合并为一系列交错的帧。如果要通过偏振光眼镜或液晶快门眼镜查看结果，请使用此选项。选择【左右互换】以切换高低场。

【左红右绿】：使用每个图层的明亮度值，为【右视图】图层着红色，为【左视图】图层着绿色。

【左红右蓝】：使用每个图层的明亮度值，为【右视图】图层着红色，为【左视图】图层着蓝色（青色）。

【平衡左红右绿】：执行与【左红右绿】相同的操作，但还需平衡这些颜色，以减少一个视图透过另一个视图所引起的阴影或重影效果。设置较高的值会减少整体对比度。

【平衡左红右蓝】：执行与【左红右蓝】相同的操作，但还需平衡这些颜色，以减少阴影或重影。

【平衡红蓝染色】：使用原始图层的 RGB 通道将图层转换为 3D 视图。此选项用于保持图层的原始颜色，但可能会产生阴影和重影效果。要减少这些效果，调整平衡或降低图像的饱和度，然后应用 3D 眼镜效果。如使用 CG 图像，则在应用效果前先提升两个视图的黑色阶。

【平衡】：在平衡的 3D 视图选项中指定平衡的级别。使用此控件可减少阴影和重影效果。在选择【平衡红蓝染色】选项时，3D 眼镜效果设置的默认平衡值是理想值：如果将【平衡】设置为 0.0，则 3D 眼镜效果不会创建 3D 深度；如果将【平衡】设置得过高，则 3D 眼镜效果会产生高饱和度输出。

第二节　斜面 Alpha

斜面 Alpha 效果：为图像的 Alpha 边界增添凿刻、明亮的外观，为 2D 元素增添 3D 外观。此效果适用于 8-bpc 和 16-bpc 颜色。操作示例如下。

（1）新建合成“斜面 Alpha”，设置时间为 5s，设置背景色为白色，合成设置其余参数见图 12-8 所示。并导入图片“样图 .jpg”。

（2）单击选中合成中的“样图 .jpg”，点击导航栏【效果 - 透视 - 斜面 Alpha】。

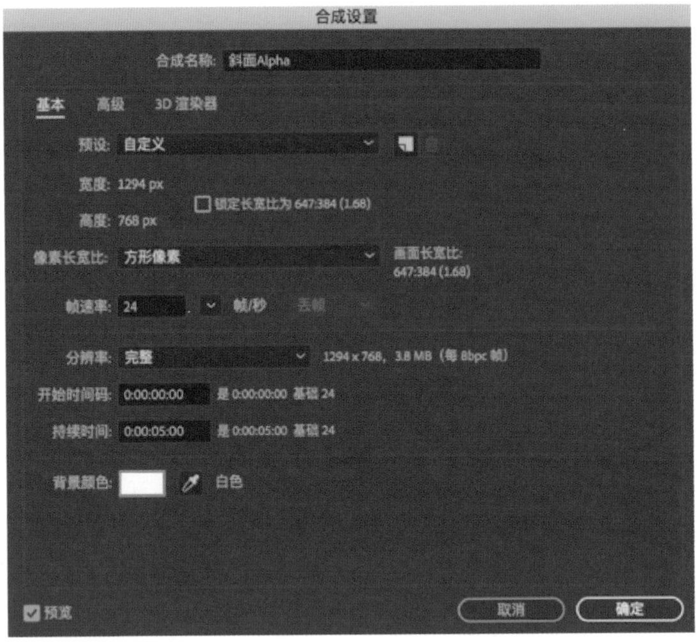

图 12-8　合成设置

（3）设置斜面 Alpha 的【边缘厚度】数值为 40,【灯光强度】为 0.4。首先调整时间轴到 0s 处，添加【灯光角度】效果关键帧，数值设置为 0x+0.0° ，如图 12-9 所示。按同样的方法：调整时间轴到 1s 处，设置【灯光角度】效果关键帧的数值为 0x+45.0° ；再将时间轴调到 2s 处，设置【灯光角度】效果关键帧的数值为 0x+90.0° ；然后时间轴调到 3s 处，设置【灯光角度】效果关键帧的数值为 0x+135.0° ；最后把时间轴调到 4s 处，设置【灯光角度】效果关键帧的数值为 0x+180.0° 。

图 12-9　【灯光角度】效果关键帧

（4）播放预览合成效果，并保存合成。

小贴士

对于某些用途，斜面和浮雕图层样式比斜面 Alpha 效果更好。例如，将不同的混合模式应用到某斜面的高光和阴影，则使用斜面和浮雕图层样式，而非斜面 Alpha 效果。

第三节　边缘斜面

边缘斜面效果：为图像的边缘增添凿刻效果和明亮的 3D 外观。边缘位置由源图像的 Alpha 通道确定。与斜面 Alpha 效果不同，使用此效果创建的边缘始终是矩形，因此具有非矩形 Alpha 通道的图像不能产生合适的外观。所有边缘的厚度均相同。此效果适用于 8-bpc 颜色。操作示例如下。

（1）新建合成“边缘斜面”，设置时间为 5s，设置背景色为白色，合成设置其余参数如图 12-10 所示，并导入图片“样图 .jpg”。

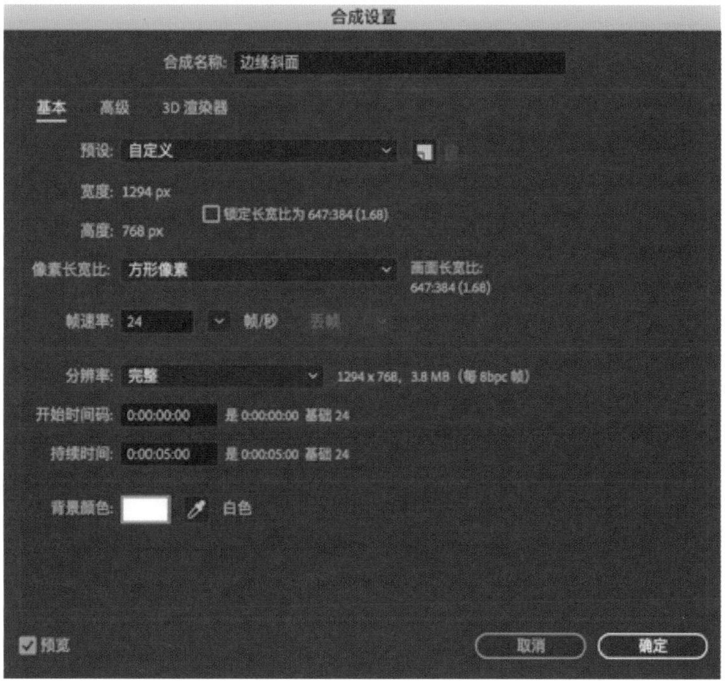

图 12-10　合成设置

（2）单击选中合成中的“样图 .jpg”，点击导航栏【效果 - 透视 - 边缘斜面】。

（3）设置边缘斜面的【边缘厚度】数值为 0.1，【灯光强度】为 0.4。首先调整时间轴到 0s 处，添加【灯光角度】效果关键帧，数值设置为 0x+0.0° ，如图 12-11 所示。按同样的方法：再将时间轴调整到 1s 处，设置【灯光角度】效果关键帧的数值为 0x+45.0° ；将时间轴调到 2s 处，设置【灯光角度】效果关键帧的数值为 0x+90.0° ；将时间轴调到 3s 处，设置【灯光角度】效果关键帧的数值为 0x+135.0° ；最后把时间轴调到 4s 处，设置【灯光角度】效果关键帧的数值为 0x+180.0° 。

图 12-11 【灯光角度】效果关键帧

（4）播放预览合成效果，并保存合成。

第四节 投 影

投影效果：可添加显示在图层后面的阴影。图层的 Alpha 通道将确定阴影的形状。将投影添加到图层中时，图层 Alpha 通道的柔和边缘轮廓将在其后面显示。此效果使用 GPU 加速来实现更快的渲染。投影效果可在图层边界外部创建阴影。此效果在 32 位颜色下有效。操作示例如下。（合成案例）

（1）新建合成“投影”，设置时间为 5s，背景色为白色，合成设置其余参数如图 12-12 所示，并导入图片“样图 .jpg”“字 .png”。

（2）单击选中合成中的“字 .png”，点击导航栏【效果 – 透视 – 投影】。

（3）设置投影的不透明度为 50%，距离为 40。首先将时间轴调整到 0s 处，添加【方向】效果关键帧，数值设置为 0x+0.0° （图 12-13）。用同样的方法：调整时间轴到 1s 处，设置【方向】效果关键帧的数值为 0x+45.0° ；将时间轴调到 2s 处，设置【方向】效果关键帧的数值为

0x+90.0°；将时间轴调到3s处，设置【方向】效果关键帧的数值为0x+135.0°；把时间轴调到4s处，设置【方向】效果关键帧的数值为0x+180.0°。

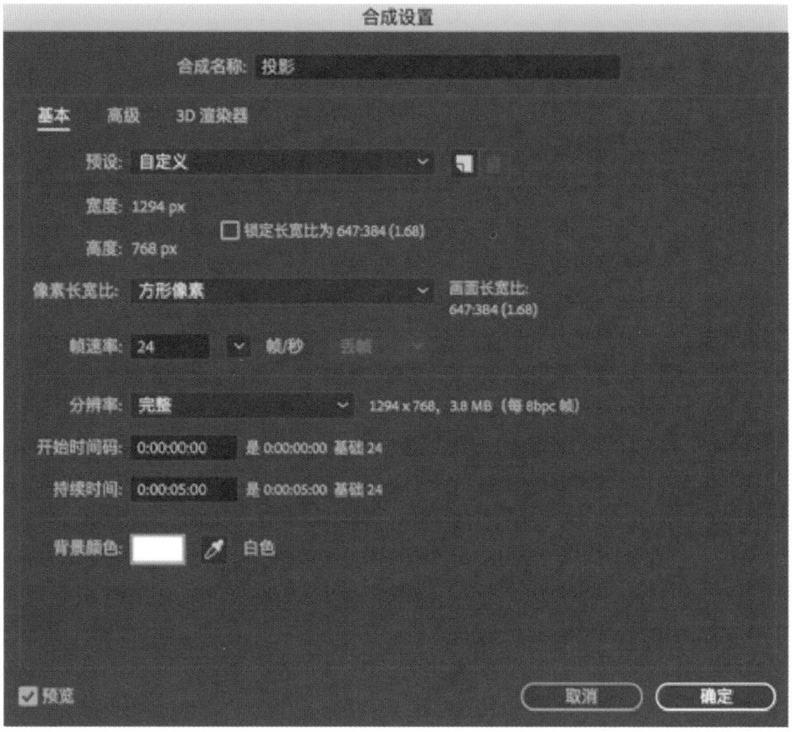

图 12-12　合成设置

图 12-13　【方向】效果关键帧

（4）播放预览合成效果，并保存合成。

小贴士

【阴影】：仅渲染阴影而不渲染图像时，选择【仅阴影】。

第五节　径向阴影

径向阴影效果：可在应用此效果的图层上根据点光源，而非与投影效果一样的无限光源创建阴影。阴影从源图层的 Alpha 通道投射，在光透过半透明区域时，该图层的颜色影响阴影的颜色。此效果适用于 8-bpc 颜色。操作示例如下。

（1）新建合成“径向阴影”，设置时间为 5s，背景色为白色，合成设置其余参数如图 12-14 所示，并导入图片“样图 .jpg”和“字 .png”。

（2）单击选中合成中的“字 .png”，点击导航栏【效果 - 透视 - 径向阴影】。

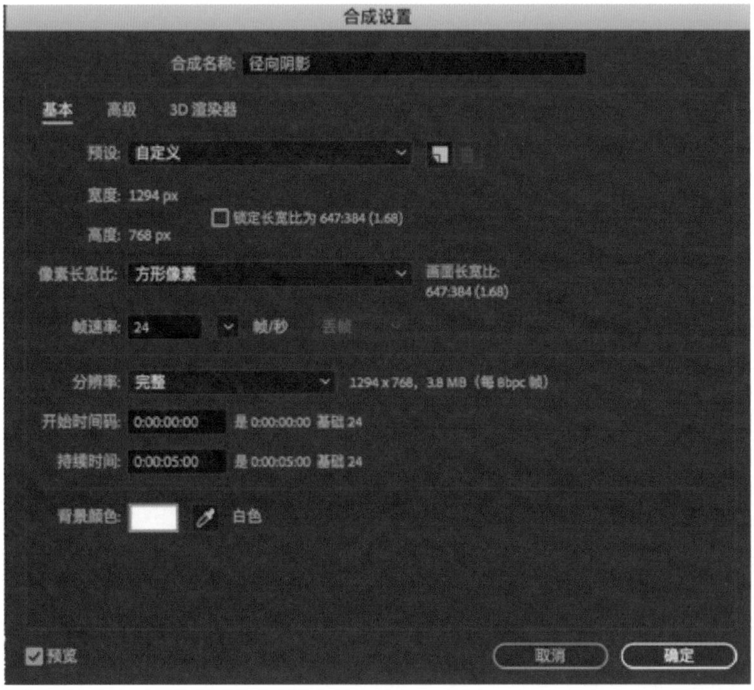

图 12-14　合成设置

（3）设置径向阴影的不透明度数值为 50%，投影距离为 10。调整时间轴到 0s 处，添加【光源】效果关键帧，数值设置为“520，60”（图 12-15）。用同样的方法：调整时间轴到 1s 处，设置【光源】

效果关键帧的数值为“520，200”；将时间轴调到 2s 处，设置【光源】效果关键帧的数值为“520，370”；将时间轴调到 3s 处，设置【光源】效果关键帧的数值为“520，500”；将时间轴调到 4s 处，设置【光源】效果关键帧的数值为“520，700”。

（4）播放预览合成效果，并保存合成。

图 12-15　【光源】效果关键帧

小贴士

【阴影颜色】：用于设置阴影的颜色。

【不透明度】：用于设置阴影的不透明度。

【光源】：用于设置点光源的位置。

【投影距离】：设置图层到阴影落至表面的距离。投影距离的值越大，阴影越大。

【柔和度】：用于设置阴影边缘的柔和度。

【阴影的类型】：图层的像素越透明，阴影颜色与图层颜色越接近。

【常规】：不管图层中是否有半透明像素，均根据阴影颜色和不透明度值创建阴影。

【玻璃边缘】：根据图层的颜色和不透明度创建彩色阴影。如果图层包含半透明像素，则阴影会使用图层的颜色和透明度。

【颜色影响】：显示在阴影中的图层颜色值的百分比。值为 100% 时，阴影呈现图层中所有半透明像素的颜色。如果图层不包含半透明像素，则几乎不产生颜色影响效果，并且阴影颜色值将确定阴影的颜色。减少颜色影响值，会使阴影中的图层颜色与阴影颜色混合；增加颜色影响值，会降低【阴影颜色】的影响。

【仅阴影】：选择此选项，仅渲染阴影。

【调整图层大小】：选择此选项，使阴影扩展到图层的原始边界之外。

第六节　CC 圆柱

CC 圆柱效果：主要功能是把二维图像模拟为卷曲的三维圆柱效果。此效果适用于 8-bpc、16-bpc 或 32-bpc 颜色模式。操作示例如下。

（1）新建合成“CC 圆柱”，设置时间为 5s，背景色设为白色，合成设置其余参数如图 12-16 所示。并导入图片“样图 .jpg”。

（2）单击选中合成中的“样图 .jpg”，点击导航栏【效果 – 透视 –CC 圆柱（CC Cylinder）】。

（3）设置 CC 圆柱的半径（Radius）数值为 100，Z 轴位置（Position Z）为 600，X 轴旋转（Rotation X）为 0x+38°，光照强度（Light Intensity）为 210，灯光高度（Light Height）为 70，照明方向（Light Direction）为 0x+48°（图 12-17）。

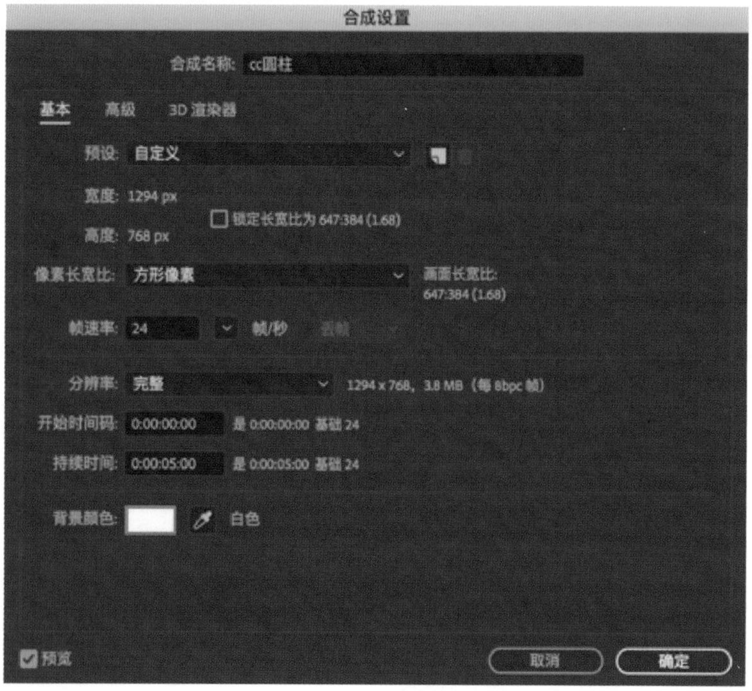

图 12-16　合成设置

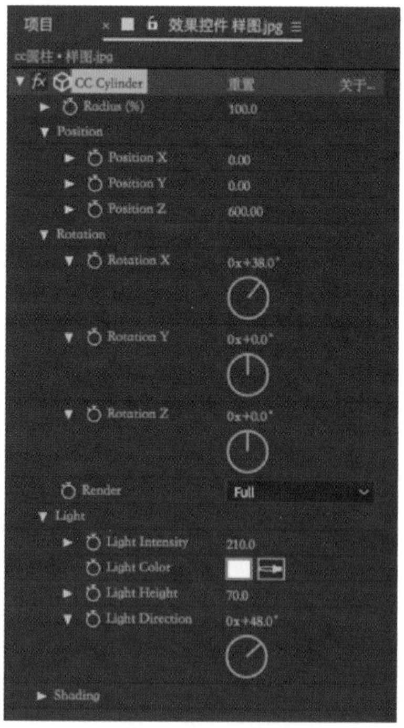

图 12-17　【效果控件】参数设置

（4）首先将时间轴调整到 0s 处，添加【Rotation Y】（Y 轴旋转）效果关键帧，数值设置为 0x+0°（见图 12-18）。用同样的方法：调整时间轴到 1s 处，设置【Rotation Y】效果关键帧的数值为 0x+45°；将时间轴调到 2s 处，设置【Rotation Y】效果关键帧的数值为 0x+90°；将时间轴调到 3s 处，设置【Rotation Y】效果关键帧的数值为 0x+135°；将时间轴调到 4s 处，设置【Rotation Y】效果关键帧的数值为 0x+180°。

图 12-18　设置【Rotation Y】效果关键帧

（5）播放预览合成效果，并保存合成。

小贴士

【半径】：设置模拟圆柱体的半径大小。数值范围为 0 ~ 30000。

【位置】：分别定义图像在 X 轴、Y 轴或 Z 轴上的位置或偏移量。

【旋转】：分别定义图像沿 X 轴、Y 轴或 Z 轴旋转的角度。

【渲染】：定义模拟圆柱体图像效果的渲染方式。该选项提供了全部、外侧和内侧三种方式。

【照明强度】：定义照射图像的灯光亮度。默认数值范围为 0 ~ 150，数值范围为 0 ~ 1000。

【照明色】：定义照射图像的灯光颜色。

【灯光高度】：调整照射图像的灯光高度。默认数值范围为 0 ~ 100。

【照明方向】：设置照射图像的灯光角度。

【环境】：设置照射图像的环境光照强度。默认数值范围为 0 ~ 100，可调数值范围为 0 ~ 200。

【扩散】：调整主灯光散布的程度。默认数值范围为 0 ~ 100。

【反射】：调整图像产生反射的程度。默认数值范围为 0 ~ 100。

【粗糙度】：设置图像呈现粗糙效果的程度。默认数值范围为 0.001 ~ 0.25，可调数值范围为 0.001 ~ 0.5。

【质感】：定义图像产生金属效果的程度。默认数值范围为 0 ~ 100。

第七节 CC 球体

CC 球体效果：特效主要功能是把二维图像模拟为立体的三维球体效果。此效果适用于 8-bpc、16-bpc 或 32-bpc 颜色模式。操作示例如下。

（1）新建合成“CC 球体”，设置时间为 5s，背景色设为白色，合成设置其余参数见图 12-19 所示。并导入图片“样图 .jpg”。

（2）单击选中合成中的“样图 .jpg”，点击导航栏【效果 – 透视 –CC 球体（CC Sphere）】。

（3）设置 CC 球体的半径（Radius）数值为 260，位置（Offset）为“647，384”，光照强度（Light Intensity）为 114，灯光高度（Light Height）为 54，照明方向（Light Direction）为 0x+30°，如图 12-20 所示。

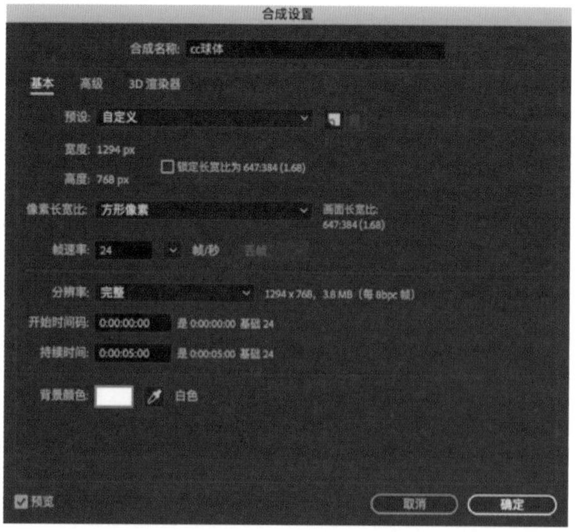

图 12-19　合成设置

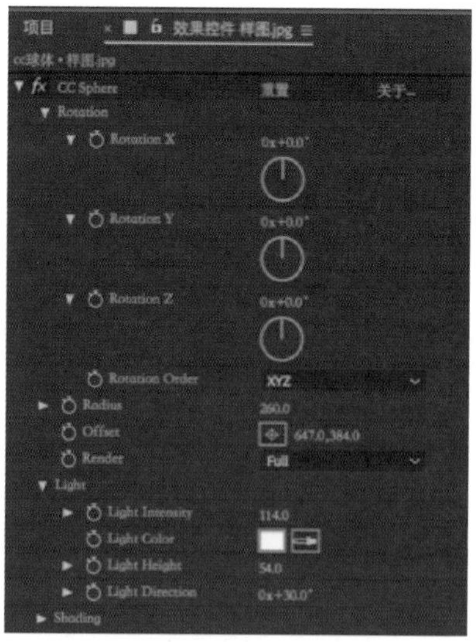

图 12-20　设置相关参数

（4）调整时间轴到 0s 处，添加【Rotation Y】效果关键帧，数值设置为 0x+0°（见图

12-21）；将时间轴调整到 1s 处，设置【Rotation Y】效果关键帧的数值为 0x+45°；再将时间轴调到 2s 处，设置【Rotation Y】效果关键帧的数值为 0x+90°；然后时间轴调到 3s 处，设置【Rotation Y】效果关键帧的数值为 0x+135°；最后把时间轴调到 4s 处，设置【Rotation Y】效果关键帧的数值为 0x+180°。

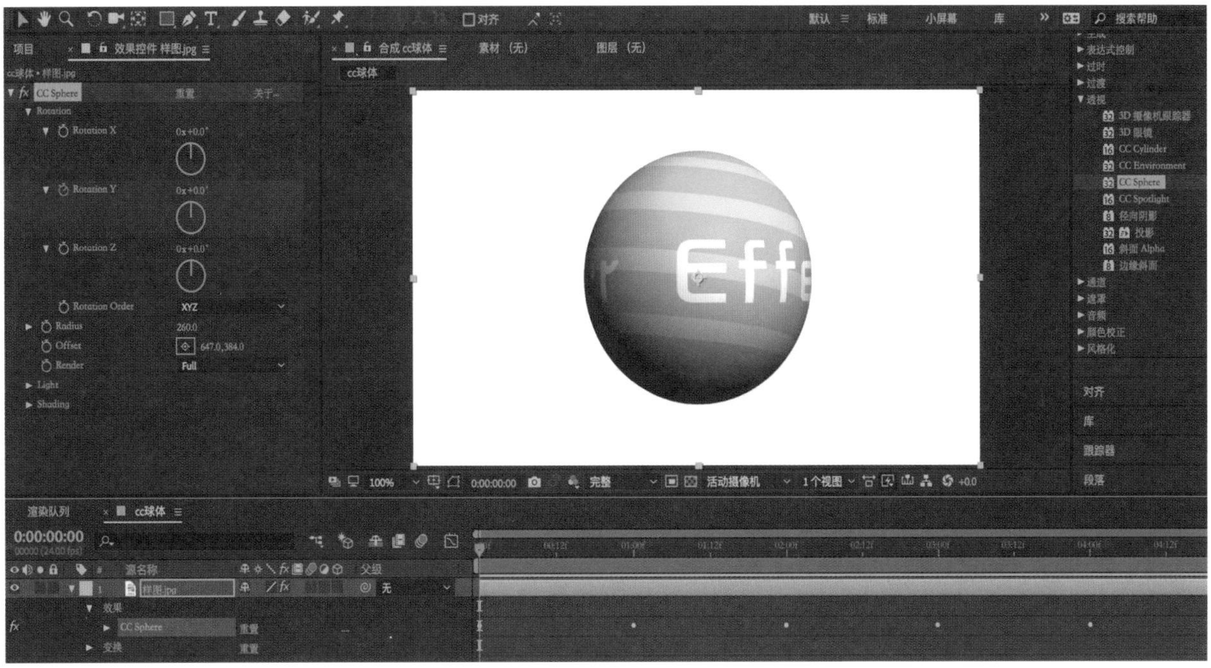

图 12-21　【Rotation Y】效果关键帧

（5）播放预览合成效果，并保存合成。

第八节　CC 光照

CC 光照效果：主要功能是在二维图像模拟聚光灯照射的效果。此效果适用于 8-bpc 或 16-bpc 颜色模式。操作示例如下。

（1）新建合成“CC 光照”，设置时间为 5s，背景色设为白色，合成设置其余参数如图 12-22 所示。并导入图片“样图 .jpg”。

（2）单击选中合成中的“样图 .jpg”，点击导航栏【效果 – 透视 –CC 光照（CC Spotlight）】。

（3）设置【From】数值为“1228.0，738.0”，【To】为“1084.0，640.0”，【Cone Angle】（锥角）数值为 23，【Edge Softness】（边缘柔和）数值为 80%，【Intensity】（光照强度）数值为 70，如图 12-23 所示。

（4）调整时间轴到 0s 处，添加【To】效果关键帧，数值设置为“1084，640”（图 12-24）。用同样的方法：将时间轴调整到 1s 处，设置【To】效果关键帧的数值为“312，680”；再将时间轴调到 2s 处，设置【To】效果关键帧的数值为“398，342”；然后将时间轴调到 3s 处，设置【To】效果关键帧的数值为“706，254”；最后将时间轴调到 4s 处，设置【To】效果关键帧的数值为“1068，188”。

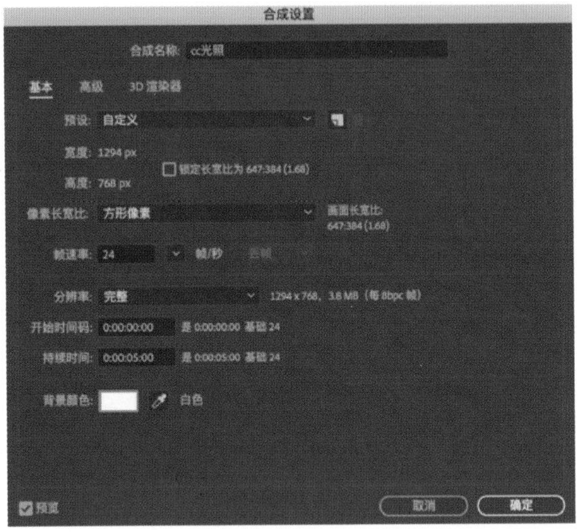

图 12-22　合成设置

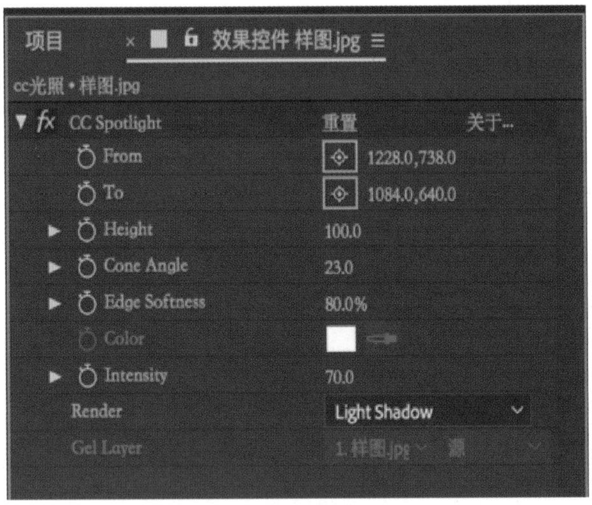

图 12-23　设置相关参数

（5）播放预览合成效果，并保存合成。

图 12-24　【To】效果关键帧

小贴士

【From】：照明出发点。

【To】：照明抵达点。

【Edge Softness】：控制边缘柔和度，数值越大，边缘越模糊。默认数值范围为 0 ~ 100。

第九节　拓 展 案 例

拓展案例将应用本章讲述的部分效果制作 3D 图形特效动画。操作示例如下。

（1）新建合成“拓展 14”，背景色设置为白色，时间设为 10s。合成设置其他参数如图 12-25 所示。

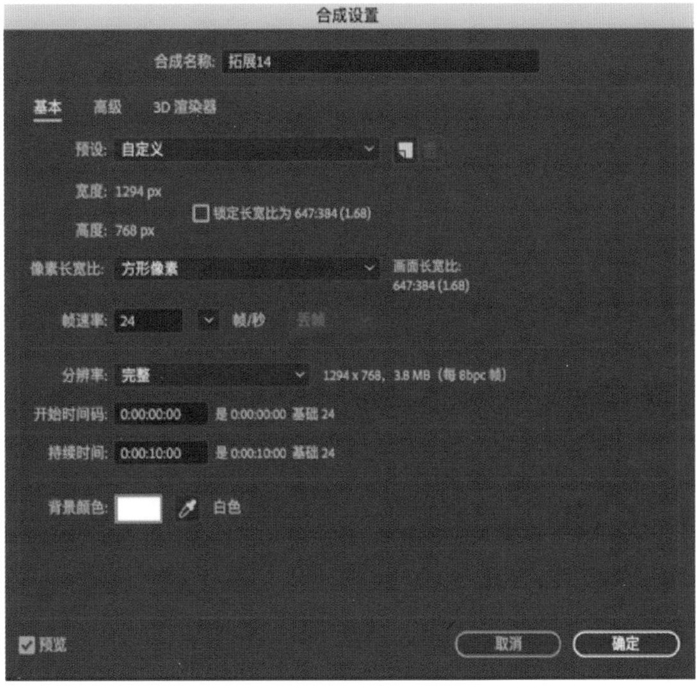

图 12-25　合成设置

（2）导入图片“样图 .jpg”和“7.jpg”。

（3）两次拖入“7.jpg”，设置为“71.jpg”和“72.jpg”两个图层。并设置各个图层的持续时间与位置，如图 12-26 所示。

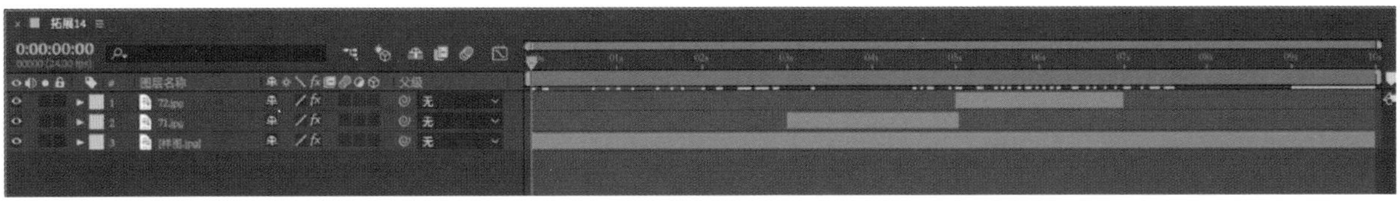

图 12-26　设置图层的持续时间

（4）单击选中合成中置于底层的“样图 .jpg”，点击导航栏【效果 – 透视 – 边缘斜面】。在效果控件中设置边缘厚度为 0.22，灯光角度为 0x+290°，其他参数如图 12-27 所示。

（5）单击选中合成中的“样图 .jpg”，点击导航栏【效果 – 透视 –CC Spotlight】。在 0 s 处添加关键帧，设置【From】为“930，40”，【To】为“980，440”（图 12-28）；在 2 s 处添加关键帧，设置【From】为“1482，1323”，【To】为“980，440”；在 3 s 处添加关键帧，设

置【From】为“1520，1380”，【To】为“708，440”；在 9 s 处添加关键帧，设置【From】为“1170，571”，【To】为“1424，416”。

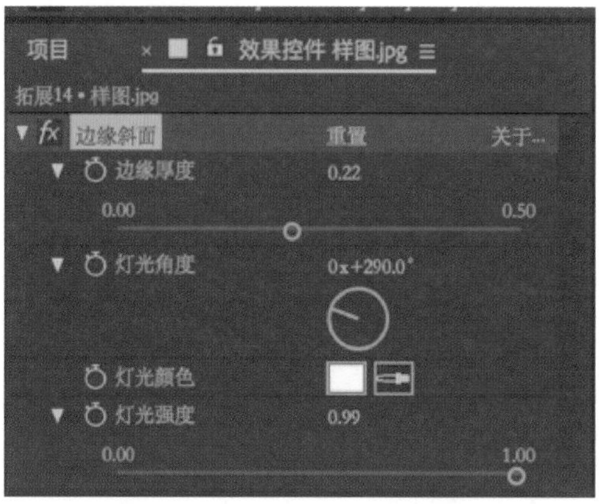

图 12-27 【效果控件】参数设置

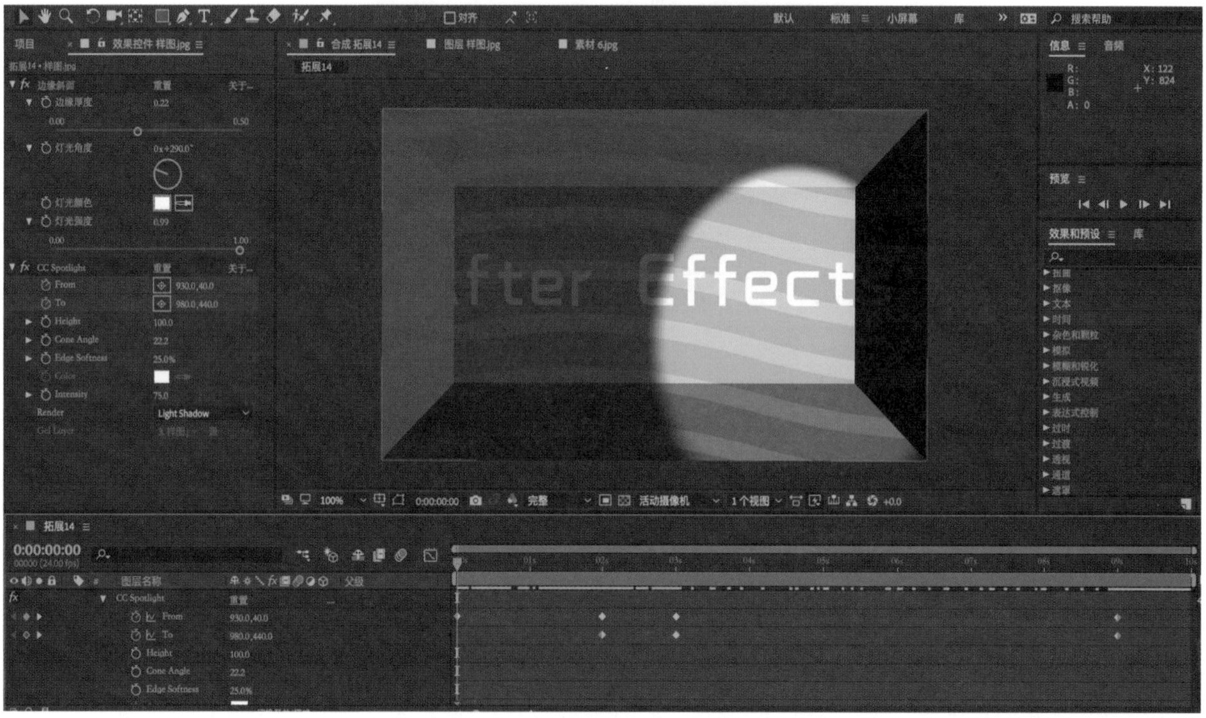

图 12-28 添加关键帧

（6）单击选中合成中的“71.jpg”，点击导航栏【效果 - 透视 -CC Sphere】。在【效果控件】中设置【Radius】为 200，【Light Height】为 40。

（7）单击选中合成中的“71.jpg”，在 3 s 处添加【变换】关键帧，设置【位置】为“640，1000”（图 12-29）。用同样的方法，在 4 s 处添加变换关键帧，设置【位置】为“640，254”；在 5 s 处添加变换关键帧，设置【位置】为“640，1000”。

（8）单击选中合成中的“72.jpg”，点击导航栏【效果 - 透视 -CC Cylinder】。在效果控件中设置【Position Z】为 1100，【Light Height】为 65。

图 12-29　添加【变换】关键帧 1

（9）单击选中合成中的“72.jpg”，在 5 s 处添加【变换】关键帧，设置【位置】为“640，1100”（图 12-30）。用同样的方法，在 6 s 处添加变换关键帧，设置【位置】为“640，400”；在 7 s 处添加变换关键帧，设置【位置】为“640，1100”。

（10）播放预览合成效果，并保存合成。

图 12-30　添加【变换】关键帧 2

思考与练习

（1）运用 3D 眼镜效果设计并制作动画。

（2）应用本章所讲述的部分效果制作 3D 图形特效动画。

第十三章
模拟滤镜组

第一节　卡片动画

卡片动画效果：此效果可创建卡片动画外观，将图层分为许多卡片，然后使用第二个图层控制这些卡片的几何形状。此效果适用于 8-bpc 颜色。操作示例如下。

（1）新建合成“卡片动画”，背景色设置为白色，时间为 5s，其他参数如图 13-1 所示。

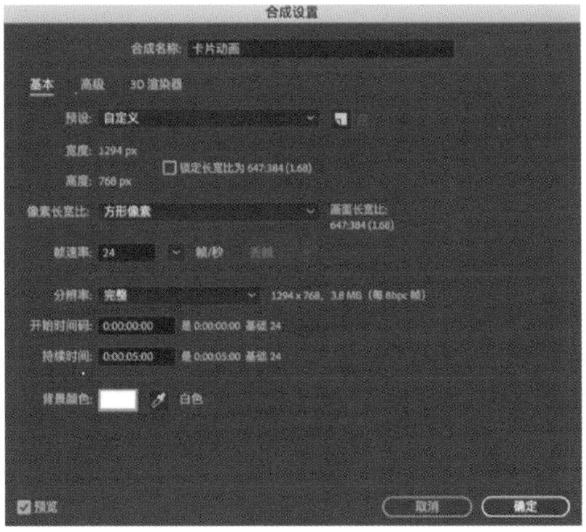

图 13-1　合成参数设置

（2）导入图片“样图 .jpg”和“渐变 .jpg”，分别设置图片持续时间为 5s，设置“渐变 .jpg”为不可见。如图 13-2 所示。

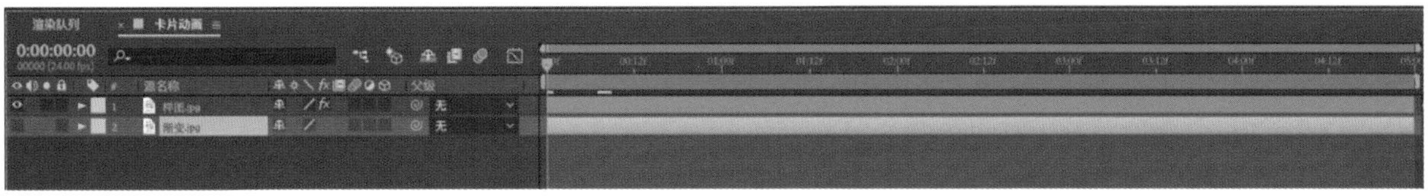

图 13-2　导入图片并设置相关参数

（3）单击选中合成中的“样图 .jpg”，点击导航栏【效果 – 模拟 – 卡片动画】。

（4）具体调整参数设置，参数设置如图 13-3 所示。

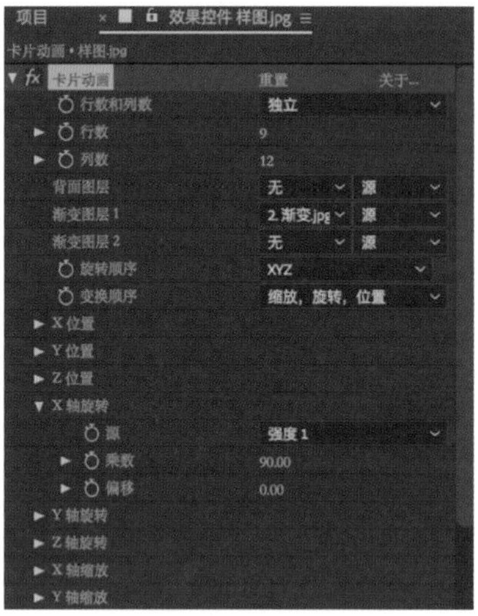

图 13-3　调整参数设置

（5）调整时间轴到 0s 处，添加【X 轴旋转】下【乘数】效果关键帧，数值设置为 0；将时间轴调整到 4s 处，设置【乘数】效果关键帧数值为 150，完成过渡（图 13-4 和图 13-5）。

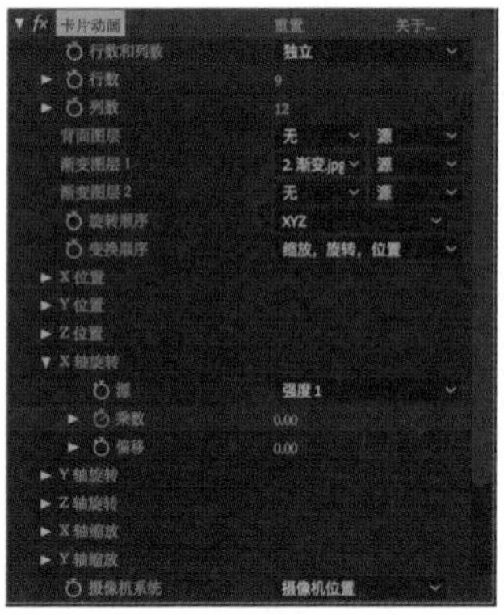

图 13-4　【乘数】效果关键帧一

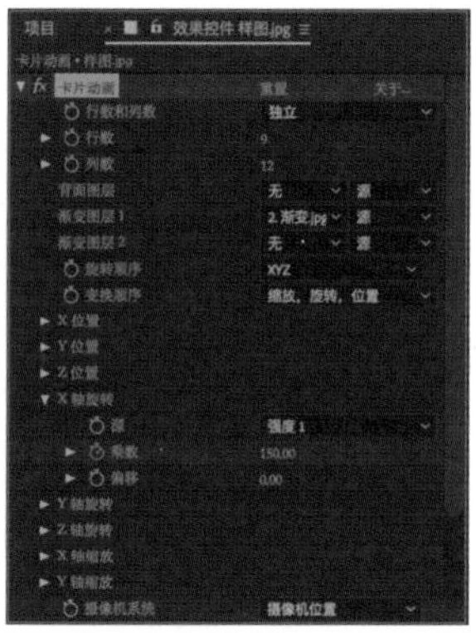

图 13-5　【乘数】效果关键帧二

（6）播放预览合成效果，并保存合成。

小贴士

【渐变图层 1】：用于生成卡片动画效果的第一个控件图层，可以使用任何图层。灰度图层可产生最易预测的结果。渐变图层可充当卡片动画的置换图。

【渐变图层 2】：用于生成第二个控件图层。

【旋转顺序】：在使用多个轴旋转时，卡片围绕多轴旋转的顺序。

【变换顺序】：执行变换（缩放、旋转和位置）的顺序。

【源】：指定要用于控制变换的渐变图层通道。

【乘数】：应用到卡片的变换的数量。

【偏移】：变换开始时使用的基值。

第二节　焦　　散

焦散效果：此效果可模拟焦散（在水域底部反射光），它是光通过水面折射而形成的。在与波形环境效果和无线电波效果结合使用时，焦散效果可生成此反射，并创建真实的水面。此效果适用于 8-bpc 颜色。操作示例如下。

（1）新建合成“焦散”，背景色设置为白色，时间为 5s，其他参数如图 13-6 所示。导入“样图 .jpg”。

（2）单击选中合成中的“样图 .jpg”，点击导航栏【效果 - 模拟 - 焦散】。

（3）具体调整参数设置：设置“底部”为“样图 .jpg”，“缩放”为 1，“水面”为“渐变 .jpg”。其他参数如图 13-7 所示。

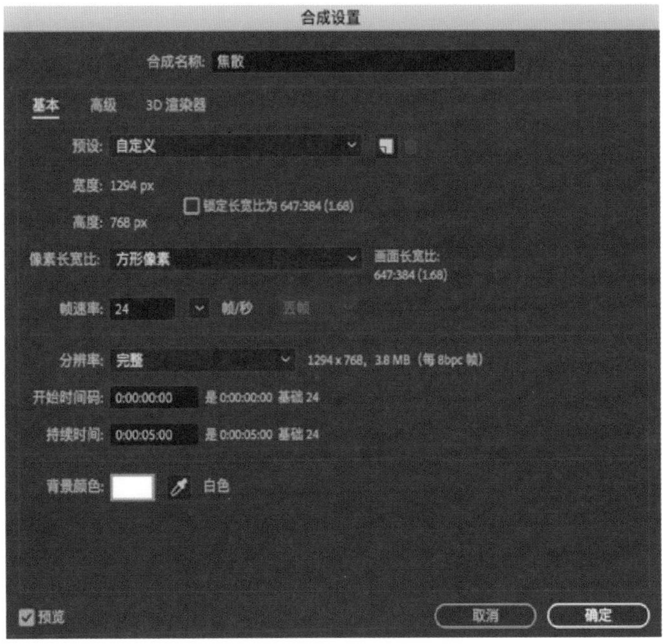

图 13-6　合成参数设置

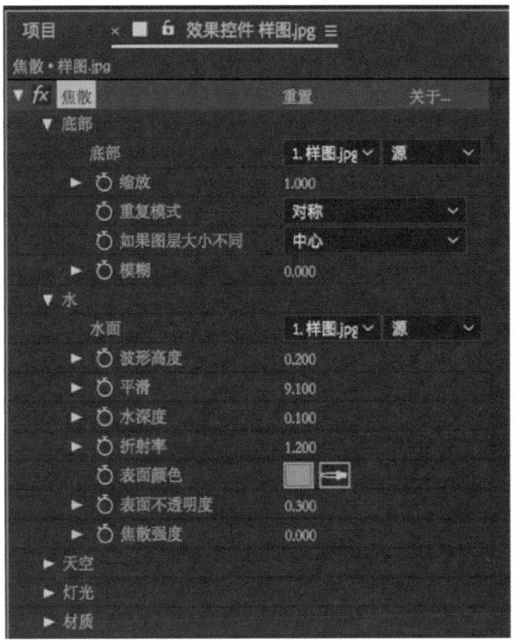

图 13-7　调整参数设置

（4）调整时间轴到 0s 处，添加【缩放】效果关键帧，数值设置为 1（图 13-8）；调整时间轴到 4s 处，设置【缩放】效果关键帧数值为 10。

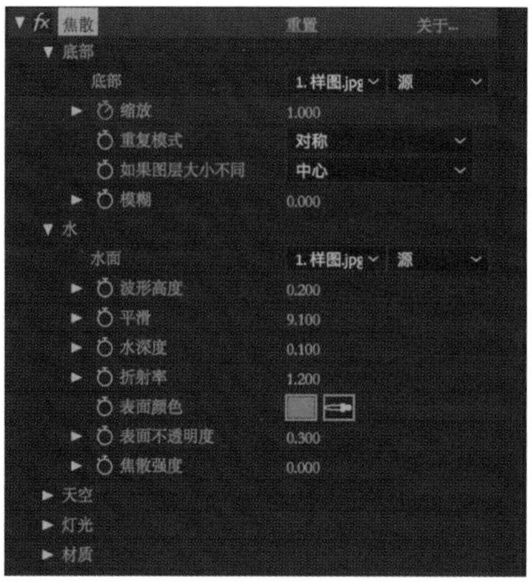

图 13-8 【缩放】效果关键帧

（5）播放预览合成效果，并保存合成。

小贴士

【底部】：指定水域底部的图层。除非表面不透明度是 100%，否则此图层是效果扭曲的图像。

【缩放】：放大或缩小底部图层。

【重复模式】：指定平铺缩小的底部图层方式。如果图层大小不同、指定底部图层小于合成，用此方式处理该图层。

【模糊】：指定应用到底部图层的模糊数量。控件设置为 0 时，底部锐化。水位较深时，较高的值使底部看起来更模糊。

【水面】：指定用作水面的图层。焦散效果使用此图层的明亮度作为生成 3D 水面的高度地图。亮像素高，暗像素低。

【波形高度】：调整波形的相对高度。值越高，波形越陡，表面置换效果越鲜明。较低的值可使焦散表面平滑。

【平滑】：通过使水面图层变模糊来指定波形的圆度。高值会消除细节，低值会显示水面图层中的瑕疵。

【水深度】：指定深度。浅水中的轻微搅动会适度扭曲底部的视图，但深水中的轻微搅动会严重扭曲此视图。

【折射率】：影响光穿过液体时弯曲的方式。值为 1 时，不扭曲底部。默认值为 1.2，可精确模拟水。

【表面颜色】：指定水的颜色。

【表面不透明度】：控制底部图层通过水可见的程度。需要乳状效果，则增加表面不透明度值和光照强度值。值为 0 时，生成透明液体效果。

【焦散强度】：显示水波透镜化效果引起的光在底部表面上的焦散、集中。用于更改所有事物的显示方式，水波暗点变得更暗，亮点变得更亮。

【天空】：指定水上方的图层。

【缩放】用于放大或缩小天空图层。

【如果图层大小不同】：指定图层小于合成时处理该图层的方式。【强度】用于指定天空图层的不透明度。【融合】用于指定天空和底部 / 水图层看起来接近的程度，从而控制水波扭曲天空的程度。

第三节　泡　　沫

泡沫效果：此效果可生成流动、黏附和弹出的气泡。使用此效果的控制可调整气泡的属性，如寿命和气泡的强度。此效果适用于 8-bpc 颜色。操作示例如下。

（1）新建合成“气泡”，背景色设置为白色，时间为 5s。其他参数如图 13-9 所示。

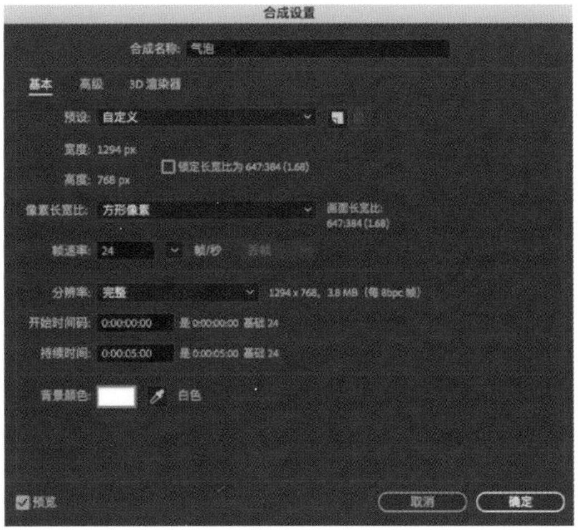

图 13-9　合成设置

（2）导入图片“样图 .jpg”，点击【图层 – 新建 – 纯色】，新建纯色图层“黑色 纯色 1”，颜色设置为黑色。分别设置图片持续时间为 5s。图层顺序如图 13-10 所示。

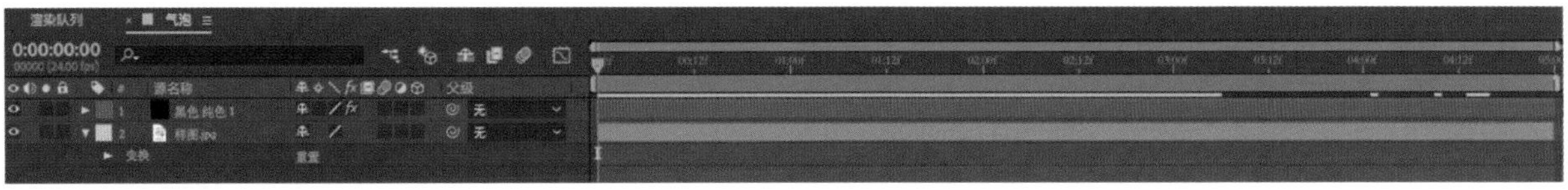

图 13-10　图层顺序

（3）单击选中合成中的“黑色 纯色 1”，点击导航栏【效果 – 模拟 – 泡沫】。

（4）设置参数，【缩放】设为 5，【综合大小】设为 1，【气泡纹理】设为默认气泡，其他参数如图 13-11 所示。

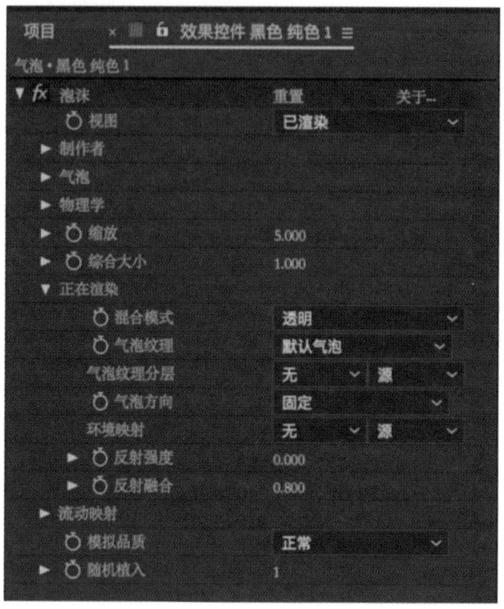

图 13-11　设置参数

（5）播放预览合成效果，并保存合成。

小贴士

【草图】：显示气泡，不完全渲染。这是预览气泡特性的快速方式。蓝色椭圆表示气泡，红色椭圆表示产生点，红色矩形表示气泡范围。

【草图 + 流动映射】：显示重叠在流动图灰度表现形式上的【草图】视图线框。

【已渲染】：显示动画的最终输出。

【产生点】：产生气泡的区域的中心。

【产生 X 大小】、【产生 Y 大小】：调整产生气泡的区域的宽度和高度。

【产生方向】：调整产生气泡的区域的旋转（方向）。当【产生 X 大小】和【产生 Y 大小】相同时，产生方向没有明显效果。

【缩放产生点】：指定在缩放范围时，产生点及其所有相关关键帧是与范围（选定）相关还是与屏幕（未选定）相关。

【产生速率】：确定气泡生成的速率。此控件不影响每帧的气泡数量。此数值越高，产生的气泡越多。

【大小】：指定成熟气泡的平均大小。

【大小差异】：指定可能生成的气泡的大小。此控件使用【大小】值作为平均值，并使用此处指定的范围，创建小于平均值和大于平均值的气泡。

【寿命】：指定气泡的最大寿命。

【气泡增长速度】：指定气泡达到完整大小的速度。气泡从产生点释放时，开始通常很小。如果将此值设置得过高，并指定较小的产生区域，则气泡会弹出，生成的气泡会比预期少。

【强度】：影响气泡在达到其寿命限制前弹出的可能性。降低气泡的强度，可使气泡在风和流动图等外力作用下更可能提早弹出。

【初始速度】：设置气泡从产生点发出时的速度。

【初始方向】：设置气泡从产生点显现时移动的初始方向。

【风速】：设置在风向指定的方向推动气泡的风速。

【风向】：设置吹动气泡的方向。为此控件设置动画可创建湍流风效果。如果风速大于 0，风会影响气泡。

【湍流】：对气泡施加较小的随机外力，使其无序飘动。

【摇摆量】：将气泡的形状从纯圆形随机更改为更自然的椭圆形。

【排斥力】：控制气泡是彼此弹开、彼此粘住还是彼此穿过。值为 0 时，气泡不会碰撞，而是彼此穿过。值越高，气泡越可能在碰撞时相互影响。

【弹跳速度】：控制弹出气泡彼此影响的程度。值越高，弹出气泡彼此影响的程度越高。

【粘度】：指定气泡从产生点释放后减速的速率，可控制气泡流的速度。

【粘性】：使气泡堆积在一起，使其不易受风向等其他控件的影响。

【变焦】：在气泡范围的中心周围放大或缩小。要创建大气泡，应增加缩放值，较大的气泡大小可能不稳定。

【综合大小】：设置气泡范围的边界。在气泡完全离开气泡范围时，它们会弹出，并永久消失。默认情况下，气泡范围是图层的大小。值大于 1，可创建气泡伸展到边界之外的图层。较高的值可使气泡从帧的外部流入，或使其缩小，并返回图片。使用低于 1 的值，可在气泡到达图层边缘前修剪这些气泡。

【混合模式】：指定气泡相交时的相关透明度。【透明】用于使气泡平滑地混合在一起，可以透过彼此看到气泡。【实底旧的位于上方】用于使新气泡显示在旧气泡下面，并消除透明度。【实底新的位于上方】用于使新气泡显示在旧气泡上方，同样消除透明度。此设置可使气泡看起来像向下流动。

【气泡纹理】：指定气泡纹理。使用预设纹理，或创建自己的纹理。要查看纹理，请确保将【视图】设置为“已渲染”。要创建自己的纹理，请选择【用户自定义】，并从【气泡纹理分层】菜单中选择用作气泡的图层。

【气泡纹理分层】：指定要用作气泡图像的图层。要使用此控件，从【气泡纹理】菜单中选择【用户自定义】。

【气泡方向】：确定气泡旋转的方向。【固定】用于从创建程序右侧向上释放气泡，并保持按此方式释放气泡。

【环境映射】：指定在气泡中反射的图层。

【反射强度】：控制在气泡中反射所选环境映射的程度。值越高，反射使原始气泡纹理变模糊的程度越高。反射仅出现在不透明像素上，因此透明度较高的气泡（如【小雨】预设）不会产生大量反射。

【反射融合】：控制【环境映射】映射到气泡时扭曲的数量。值为 0，可将图平面投射到场景中的所有气泡上面。增加此值时，反射会扭曲以考虑每个气泡的球形特征。

【流动映射】：指定用于控制气泡方向和速度的图层。使用静止图像图层时，选择影片作为流动图图层，则仅使用第一帧。流动图是基于明亮度的高度地图：白色表示高位，黑色表示低位。白色并非无限高；如果气泡移动得足够快，则可通过白色障碍。

【流动映射黑白对比】：控制将白色和黑色用于确定坡度时这两种颜色之间的差值。如果气泡会随机弹离流动图，则减小此值。

【流动映射匹配】：指定流动图是与图层相关还是与气泡范围相关。流动图会自动调整大小以适合指定的项目。

【模拟品质】：提高精度，从而增强模拟的真实性。值越高，合成渲染时间越长。【正常】通常用于产生优良的结果，需要的渲染时间最短。【高】用于返回更好的结果，但需要的渲染时间更长。【强烈】用于增加渲染时间，但可产生可预测性更高的气泡特性。如果气泡不遵循流动图，则使用此选项。它通常可解决因气泡小、气泡速度快和陡坡产生的不稳定特性的问题。

第四节　粒子运动场

粒子运动场效果：此效果可以独立为大量相似的对象设置动画。使用【发射】，可从图层的特定点创建一连串粒子，或者使用【网格】，可生成一个粒子面。图层爆炸和粒子爆炸可用于根据现有图层或粒子创建新粒子。此效果适用于 8-bpc 颜色。操作示例如下。

（1）新建合成“粒子运动场”，背景色设置为白色，时间为 5s。其他参数如图 13-12 所示。

（2）导入图片“样图 .jpg”。点击【图层 - 新建 - 纯色】，新建纯色图层“黑色 纯色 1”，颜色设置为黑色，分别设置图片持续时间为 5s。图层顺序如图 13-13 所示。

（3）单击选中合成中“黑色 纯色 1”，点击导航栏【效果 - 模拟 - 粒子运动场】。

（4）设置参数，设置圆筒半径为 231，粒子半径为 11，新粒子的半径为 5，力为 10。其他参数如图 13-14 所示。

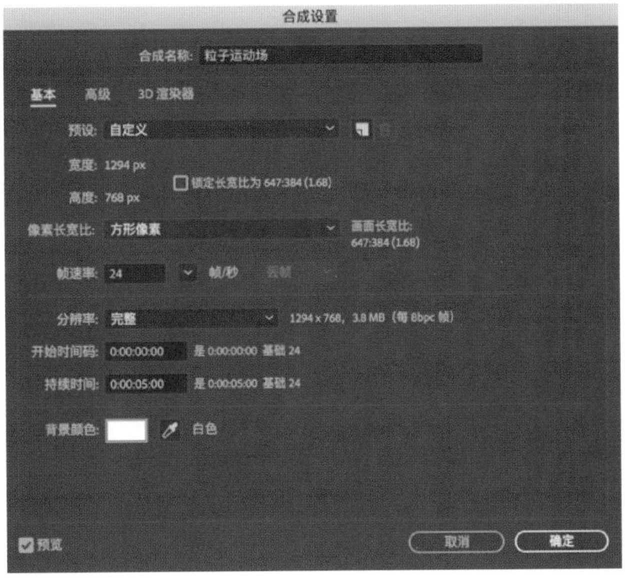

图 13-12　粒子运动场

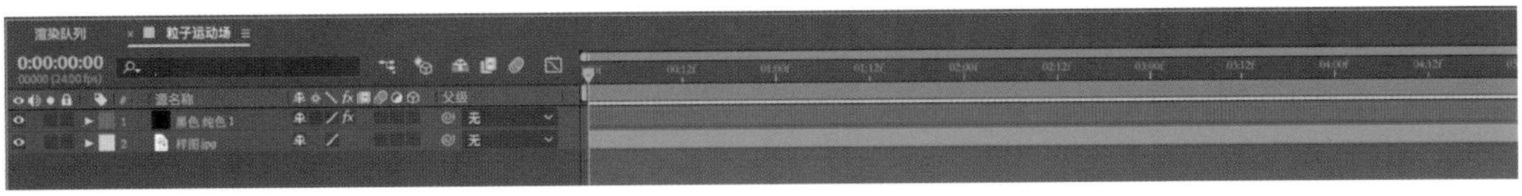

图 13-13　图层顺序

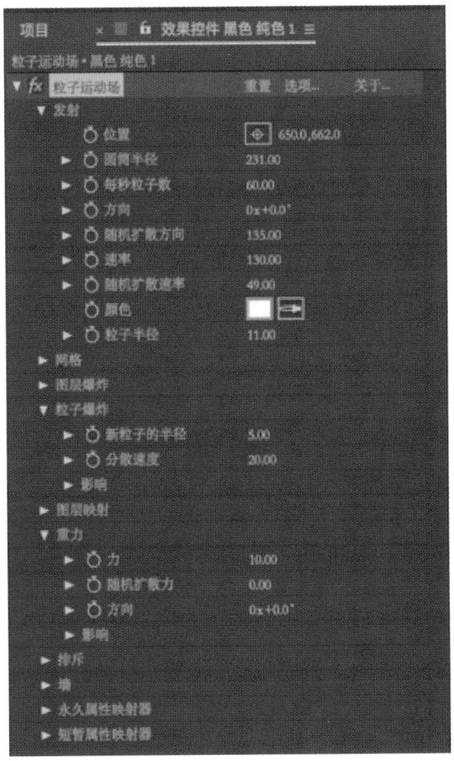

图 13-14　设置参数

（5）播放预览合成效果，并保存合成。

小贴士

【位置】：指定创建粒子使用的（X，Y）坐标。

【圆筒半径】：为【发射】设置圆筒半径的大小。负值用于创建圆形圆筒，正值用于创建正方形圆筒。

【每秒粒子数】：指定创建粒子的频率。值为 0 时，不创建任何粒子。较高的值会增加粒子流的密度。

【方向】：设置发射粒子的角度。

【随机扩散方向】：指定每个粒子的方向随机偏离发射方向的程度。例如，指定 10° 扩散，可使粒子在发射方向 +/－5° 以内的方向随机喷射。对于高聚焦流，指定较低的值；对于快速加宽的粒子流，指定较高的值。最多可以指定 360° 。

【速率】：指定通过【发射】发出粒子时的初始速度，以像素 / 秒为单位。

【随机扩散速率】：指定粒子的随机扩散速率值。值越高，粒子速率的变化越多。

【颜色】：设置点或文本字符的颜色。如果使用图层作为粒子源，则此控件无效。

【粒子半径】：设置点的半径（以像素为单位）或文本字符的大小（以磅为单位）。

【宽度】【高度】：指定网格的尺寸，以像素为单位。

【粒子交叉】【粒子下降】：指定在整个网格区域水平和竖直分发的粒子的数量。仅当值等于或大于 1 时，才生成粒子。

【颜色】：设置点或文本字符的颜色。如果使用图层作为粒子源，则此控件无效。

【粒子半径 / 字体大小】：设置点的半径（以像素为单位）或文本字符的大小（以磅为单位）。如果使用图层作为粒子源，则此控件无效。

【引爆图层】：指定要爆炸的图层。

【新粒子的半径】：指定通过爆炸生成的粒子的半径。此值必须小于原始图层或粒子的半径。

【分散速度】：指定粒子运动场效果改变生成粒子的速率使用的范围的最大速度，以像素 / 秒为单位。较高的值可创建更分散的或云雾状的爆炸。较低的值可使新粒子更紧密，并使爆炸的粒子像光环或激波。

【影响】：指定图层爆炸和粒子爆炸影响的粒子。

【使用图层】：指定要用作粒子的图层。

【时间偏移类型】：指定要使用多帧图层的帧的方式。相对随机指在效果图层当前时间和指定的最大随机时间之间的范围内，从随机选择的帧开始播放图层。绝对随机指使用从 0 到指定的最大随机时间的范围中的某时间，从图层随机获取帧。

如果希望每个粒子都表示多帧图层的不同单帧，则选择【绝对随机】。

【时间偏移】：指定开始播放图层中的连续帧时的起始帧。

【影响】：指定图层映射控件影响的粒子。

【速度】：在创建粒子时，粒子速率由发射和爆炸控件设置；【网格】粒子没有初始速度。在创建粒子后，可以使用重力和排斥控件组中的力控件。

【方向】：在创建粒子时，发射包括粒子方向；图层爆炸和粒子爆炸可在各个方向推送新粒子；网格粒子没有初始方向。在创建粒子后，方向会受重力控件组中方向控件的影响，在墙控件组中指定边界（蒙版）也会影响方向。

【面积】：使用“墙”蒙版可在不同区域包含粒子，或移除所有障碍。

【外观】：在创建粒子时，发射、网格、图层爆炸和粒子爆炸可设置粒子大小，除非将默认点替换为图层图。

【旋转】：在创建粒子时，发射和网格不设置旋转；粒子爆炸可从爆炸点、图层或字符中获取旋转。使用自动定向旋转可使粒子沿其各自的轨迹自动旋转。

【强制对齐】：指定重力的力。正值用于增加力，从而更有力地拉粒子。负值用于减少力。

【随机扩散力】：为“力”指定一系列随机性。值为零，则所有粒子均以同一速率落下。值较高，粒子以略有不同的速率落下。

【方向】：指定重力拉粒子使用的角度。默认值是 180° ，此值用于通过朝帧的底部拉粒子来模拟实际环境。

【影响】：指定图层粒子中应用有重力的子集。

【强制对齐】：指定排斥力。值越大，排斥粒子使用的力越大。负值会使粒子吸引。

【力半径】：指定在多大半径（以像素为单位）内排斥粒子。其他粒子必须在此半径之内才能进行排斥。

【排斥物】：指定充当使用 After Effects CC 控件指定的其他子集的排斥物或吸引物的粒子。

【影响】：指定图层粒子中应用有排斥或吸引的子集。

【边界】：指定用作墙的蒙版。可以通过在效果图层上绘制一个蒙版来创建新蒙版。

【粒子来源】：指定要影响粒子的粒子生成器或粒子生成器组合。

【选区映射】：指定影响哪些粒子受影响的图层图。

【字符】：指定要影响的字符。仅当使用文本字符作为粒子类型时，此控件才适用。

【更老 / 更年轻，相比】：指定使用时间阈值（以秒为单位）。正值影响更旧的粒子，而负值影响更新的粒子。

【年限羽化】：指定使用时间范围（以秒为单位），在此范围内，设羽化或柔化【更老 / 更年轻，相比】值。羽化可创建渐变的（而不是突然的）变化。

【设置】：将粒子属性的值替换为相应图层图像素的值。

【相加】：使用粒子属性的值与相应图层图像素值的和。

【差值】：使用粒子属性的值与相应图层图像素的亮度值的差值绝对值。由于是获取差值的绝对值，因此生成的值始终是正值。

【减】：首先获取粒子属性的值，然后减去相应图层图像素的亮度值。

【相乘】：将粒子属性的值乘以相应图层图像素的亮度值，然后使用结果。

【最小值】：将图层图的亮度值和粒子属性的值进行比较，然后使用较低的值。要限制粒子属性，使其小于或等于某值，使用最小值运算符，然后将“最小值”和“最大值”控件设置为该值。如果使用白色纯色作为图层图，只需将“最大值”控件设置为该值。

【最大值】：将图层图的亮度值和粒子属性的值进行比较，然后使用较高的值。

第五节　碎　　片

碎片效果：可使图像爆炸。使用此效果的控件可设置爆炸点，以及调整强度和半径。半径外部的所有内容都不会爆炸，以使图层的某些部分保持不变。可从各种碎块形状中选择形状（或创建自定义形状），并挤压这些碎块，以使其具有容积和深度。此效果适用于 8-bpc 颜色。操作示例如下。（合成案例）

（1）新建合成“碎片”，背景色设置为白色，时间设为 5s。导入图片“样图 .jpg”。其他参数设置如图 13-15 所示。

（2）单击选中合成中的“样图 .jpg”，点击导航栏【效果 - 模拟 - 碎片】。

（3）设置参数，设置图案为玻璃，重复为“16.8”。其他参数如图 13-16 所示。

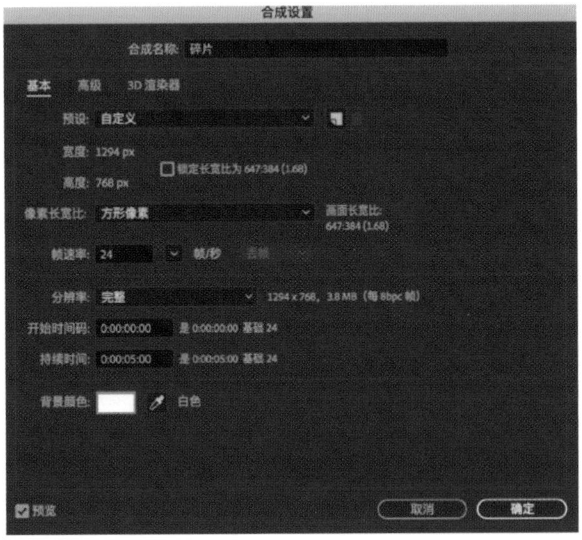

图 13-15　合成“碎片”其他参数设置

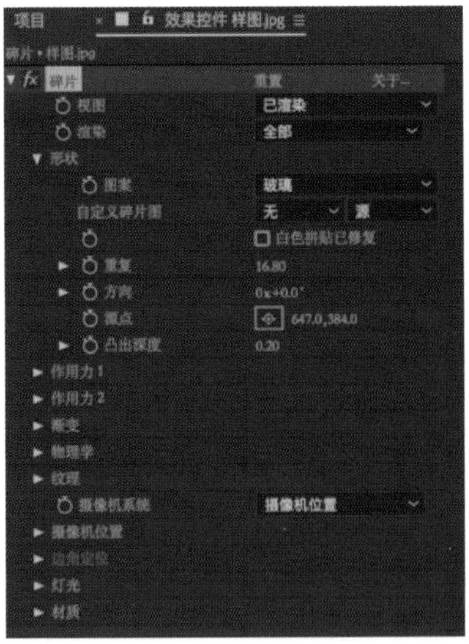

图 13-16　设置参数

（4）播放预览合成效果，并保存合成。

小贴士

【已渲染】：显示有纹理和光照的碎块，就像在最终输出中看到的一样。在渲染动画时使用此视图。

【线框正视图】：从无透视的全屏、平视摄像机镜头视角显示图层。使用此视图可调整难以从某视角看到的效果点和其他参数。

【线框】：显示场景的相应透视图。

【线框正视图＋作用力】：显示图层的线框正视图表现形式以及各力球的蓝色表现形式。

【线框＋作用力】：显示线框视图以及力球的蓝色表现形式。

【图案】：指定用于爆炸块的预设图案。

【自定义碎片图】：指定要用作爆炸块的形状的图层。

【白色拼贴已修复】：防止自定义碎片图中的纯白色拼贴爆炸。

【重复】：指定拼贴图案的缩放。此控件仅与预设碎片图一起使用，全部实现无缝平铺。增加此值可通过缩减碎片图的大小来增加屏幕上碎块的数量。因此，图层可分成更多更小的碎块。

【方向】：旋转预设碎片图相对于图层的方向。

【源点】：在图层上精确定位预设碎片图。如要使图像的某些部分与特定碎块对齐，则此选项很有用。

【凸出深度】：为爆炸块添加三维效果。值越高，碎块越厚。在【已渲染】视图中，在开始粉碎或旋转摄像机之前，此效果不可见。在将此控件的值设置得较高时，碎块可能会穿过彼此。

指定（X，Y）空间中爆炸的当前中心点。

【深度】：指定 Z 空间的当前中心点或爆炸点到图层的前面或后面的距离。调整深度可确定应用到图层的爆炸半径的数量。

【半径】：定义爆炸球的大小。半径是从圆（或球）的中心到边缘的距离。更改此值可以改变爆炸的速度和完整性。从小到大为半径设置动画可生成不断扩大的激波爆炸。

【强度】：指定爆炸块移动的速度，碎块飞离或飞回爆炸点的猛烈程度。正值使碎块飞离爆炸点；负值使碎块飞到爆炸点。正值越大，碎块飞离中心点的速度越快，距离越远。负值越大，碎块飞向力球中心的速度越快。一旦开始粉碎，力球不再影响碎块；接着物理学设置的参数会对其产生影响。负强度值不会使碎块飞入黑色缺口；碎块会相互飞过，并退出球的另一边。将强度值设置得较低，可使碎块分裂为多种形状，从而在图层中创建裂纹，但不能使碎块爆开。如果将重力设置为非0值，在破裂后，碎块会朝重力方向裂开。

【碎片阈值】：指定力球中根据指定渐变图层的相应明亮度粉碎的碎块。如果将碎片阈值设置为0%，力球中没有碎块粉碎。如果此控件设置为1%，力球中仅与渐变图层的白色（或近白色）的区域对应的碎块粉碎。如果此控件设置为50%，力球中与渐变图层的白色到50%灰色区域对应的所有碎块粉碎。

【渐变图层】：指定特定图层，用于确定目标图层的特定区域粉碎的时间。白色区域首先粉碎，黑色区域最后粉碎。碎片效果可确定哪些像素与哪些碎块对应，具体方法是将图层细分为碎块，每个碎块都有中心点或平衡点。如果在渐变图层上重叠碎片图，正好在每个平衡点下的渐变图层像素会控制爆炸。

【反转渐变】：反转渐变的像素值。白色变为黑色，黑色变为白色。

【旋转速度】：指定碎块围绕倾覆轴控件设置的轴旋转的速度，可以模拟不同材质的不同旋转速度。

【倾覆轴】：指定碎块旋转所围绕的轴。【自由】用于使碎块按任意方向旋转。【无】用于消除所有旋转。X、Y和Z用于使碎块仅围绕所选轴旋转。XY、XZ和YZ用于使碎块仅围绕所选轴组合旋转。

【随机性】：影响力球生成的初始速率和旋转。如果此控件设置为0，碎块会直接飞离爆炸中心点。

【大规模方差】：指定碎块爆炸时碎块的理论权重。

【重力】：确定碎块破碎并爆开后发生的情况。重力设置越高，碎块飞到“重力方向”和“重力倾向”设置的方向的速度越快。

【重力方向】：定义碎块受重力影响时在（X，Y）空间中移动的方向。方向是相对于图层而言的。如果将重力倾向设置为 −90 或 90，则重力方向无效。

【重力倾向】：确定碎块爆炸后在Z空间中移动的方向。值为90，则使碎块相对于图层向前爆炸。值为 −90，则使碎块相对于图层向后爆炸。

【颜色】：指定碎块的颜色，如正面模式、侧面模式和背面模式菜单定义。

【不透明度】：控制相应模式设置的不透明度。不透明度的模式设置必须是【颜色 + 不透明度】【图层 + 不透明度】或【着色图层 + 不透明度】，才会影响碎块的外观。

【正面模式】【侧面模式】【背面模式】：分别确定碎块正面、侧面和背面的外观。【颜色】将所选颜色应用到碎块的适用面。【图层】用于在相应的图层菜单中选择图层，并将其映射到碎块的适用面。【着色图层】用于将所选图层与所选颜色混合，此效果类似于通过滤色器查看图层。【颜色 + 不透明度】用于合并所选颜色和不透明度数量。不透明度为1时，则为适用面提供所选颜色。不透明度为0时，适用面是透明的。【图层 + 不透明度】用于合并所选图层和不透明度数量。不透明度为1时，将所选图层映射到适用面。不透明度为 0 时，适用面是透明的。【着色图层 + 不透明度】用于合并所选着色图层和不透明度数量。不透明度为 1 时，将所选着色图层映射到适用面。【不透明度】为 0 时，适用面是透明的。

【正面图层】【侧面图层】【背面图层】：指定要映射到相应碎块面的图层。【正面图层】用于将所选图层映射到碎块的正面；【侧面图层】用于将所选图层映射到碎块的侧面；【背面图层】用于将所选图层向后映射到图层。

第六节　波形环境

波形环境效果：可创建灰度置换图，以便用于其他效果，如焦散或色光效果。此效果可根据液体的物理学模拟创建波形。波形从效果点发出，相互作用，并反映其环境。使用波形环境效果可创建徽标的俯视视图，同时波形会反映徽标和图层的边。此效果适用于 8-bpc 颜色。操作示例如下。

（1）新建合成“波形环绕”，背景色设置为白色，时间为 5s。其他参数如图 13-17 所示。

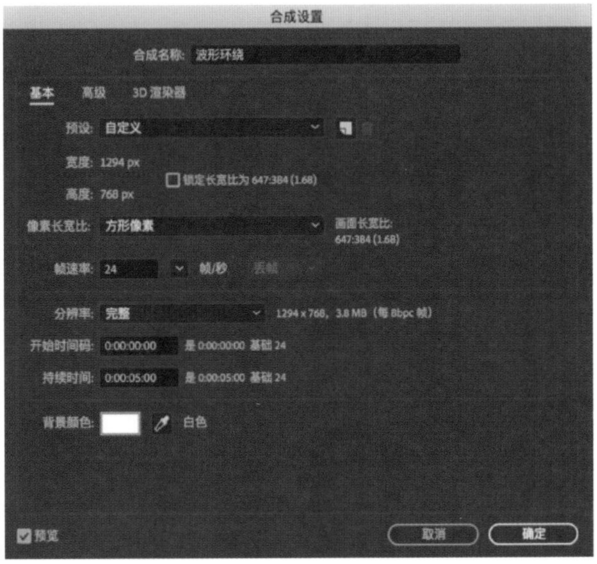

图 13-17　“波形环绕”其他参数

（2）导入图片“样图.jpg”“渐变.jpg”，分别设置图片持续时间为 5s。图层顺序如图 13-18 所示。

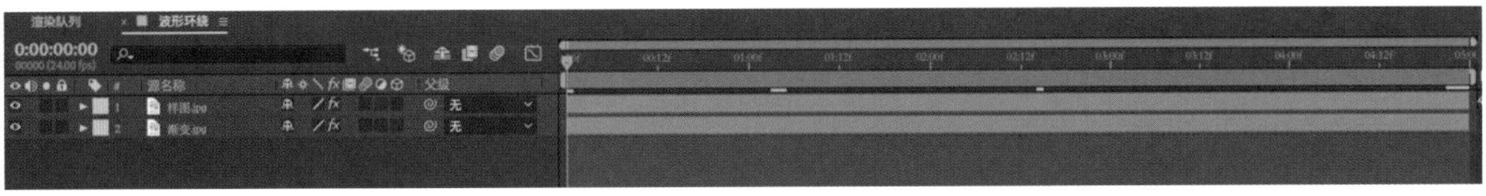

图 13-18　图层顺序

（3）隐藏“样图 .jpg”使其不可见。单击选中合成中“渐变 .jpg”，点击导航栏【效果 – 模拟 – 波形环境】。

（4）设置参数，设置效果控件中视图为高度地图，其余参数默认不变。

（5）取消隐藏“样图 .jpg”，使其可见。单击选中合成中的“样图 .jpg”，点击导航栏【效果 – 模拟 – 焦散】。

（6）设置具体参数，设置效果控件中水面为“渐变 .jpg”和“效果和蒙版”，颜色取用“# 5ACCD7”，其余参数默认不变，如图 13–19 所示。

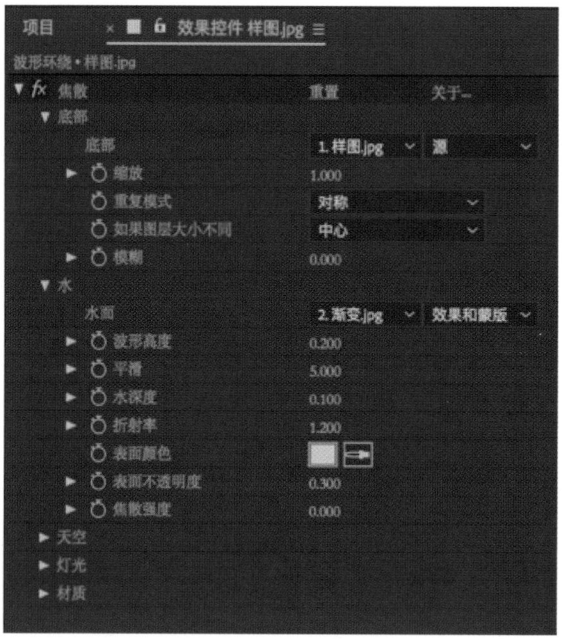

图 13–19　设置具体参数

（5）播放预览合成效果，并保存合成。

小贴士

【高度地图】：将最高点显示为明亮的像素，将最低点显示为黑暗的像素。在创建置换图时使用此视图。

【线框预览】：提供波形创建方式的视觉描绘。灰度输出表示高度地图。白色表示最高的波形，黑色表示最低的波形。两个矩形轮廓表示以下两个极端值。青色矩形表示纯白色，紫色矩形表示纯黑色。绿色网格表示地面图层；默认情况下，它是平直的，但使用灰度图像可扭曲它。白色网格表示水面。

【水平旋转】：围绕水平轴旋转线框预览（左右）。

【垂直旋转】：围绕垂直轴旋转线框预览（上下）。

【垂直缩放】：垂直扭曲线框预览，可以更轻松地看到高度。此控件不会影响灰度输出。

【亮度】：调整水面的整体高度。调整此控件可使整体灰度输出变亮或变暗。如果将波形环境效果用于置换，此控件可上下移动水面。

【对比度】：更改波峰和波谷的灰色之间的差值，以使差值更极端或不太极端。较低的值可使灰色变均匀，较高的值可使黑色到白色的范围更宽。

【灰度系数调整】：控制波形的亮度斜度。结果仅在高度地图视图中可见。较高的值会使波峰较圆，使波谷较窄，而较低的值会使波谷较平滑，使波峰较尖。

【渲染采光井作为】：指定存在采光井时渲染水面的方式。在一部分地面图层高出水面时，可创建采光井。可以使用陡度控件处理采光井。此控件可用于将波形环境效果合成到场景中。

【透明度】：通过调整较浅区域 Alpha 通道的不透明度来控制水的透明度。

【网格分辨率】：指定构成波面和地面网格的水平和垂直分界线的数量。较高的值可显著增加模拟的精确度，但需要更多的内存，并会增加渲染时间。

【网格分辨率降低采样】：在输出分辨率降低时，降低内部模拟的分辨率，从而加快渲染速度。

【波形速度】：指定波形从起始点开始移动的速度。

【阻尼】：指定波形通过的液体吸收其能量的速度。值越高，吸收波能的速度越快，波形移动的距离越短。

【波形速度、阻尼】：指定液体的表观黏度，以及液体的表观大小。例如，水波比蜂蜜波移动得更快更远；与湖波相比，池波移动得更快，淡出的速度也快得多。

【反射边缘】：指定波形弹离图层边缘并弹回场景的方式。

【预滚动（秒）】：指定波形开始移动的时间。默认情况下，此效果从没有波形或波纹的静止表面开始。使用此控件可在图层开始移动之前使波形开始移动。在预滚动期间，会将此效果第一帧的设置应用到图层中。

【地面】：指定显示在水底的图层。如果为地面使用动画图层，则波形环境效果仅对第一帧采样。波形环境效果可确定水面与地面边缘的交集，计算弹离水岸的波形，并可根据深度适当调整波形速度。图层的亮度可确定地面。白色表示高海拔，黑色表示低海拔。

【陡度】：通过扩大和缩小置换线框的高度，调整地面的陡度。网格在黑色阶已锁定，这样它始终从底部向上增大。

【高度】：控制水面和地面最深点之间的距离。使用此控件可使水域更深或更浅。在更改水的深度时，波形会相应地改变。深水中的波形移动得较快，浅水中的波形移动得较慢。

【波形强度】：控制为地面高度或陡度设置动画时结果波形有多大。值为 0 时，不产生任何波形。

【类型】：指定创建程序的类型。环形创建的波形就像将石头投入池塘产生的波形一样；波形在圆形（或椭圆形，具体取决于效果点的大小设置）中向外扩散。“线”用于创建从线形创建程序位置发出的波形。

【位置】：指定波形创建程序的中心的位置。

【高度 / 长度】：指定环形创建程序的（垂直）高度，以及调整线创建程序的长度。

【宽度】：指定创建程序区域的（水平）宽度。

【角度】：指定线和环形类型的波形创建程序区域的角度。此控件用于设置线的方向，因而可控制波形的初始方向，波形从与其长度垂直的线的任一侧面发出。

【振幅】：控制产生的波形的高度。值越高，创建的波形越引人注目。

【频率】：控制每秒产生的波形数。值为 1 时，每秒铺开波形一次。

【相位】：指定波形在波形相位中开始的位置。例如，使用默认设置 0° 时，液体中的首次扰动是凸波（从水面向上凸出）。相位设置为 180° 时，液体中的首次扰动是凹波。

第七节　拓展案例

拓展案例将应用本章所讲述的部分效果来制作前面炸裂特效动画。操作示例如下。

（1）新建合成“拓展 15”，背景色设置为黑色，时间为 10s。其他参数如图 13-20 所示。

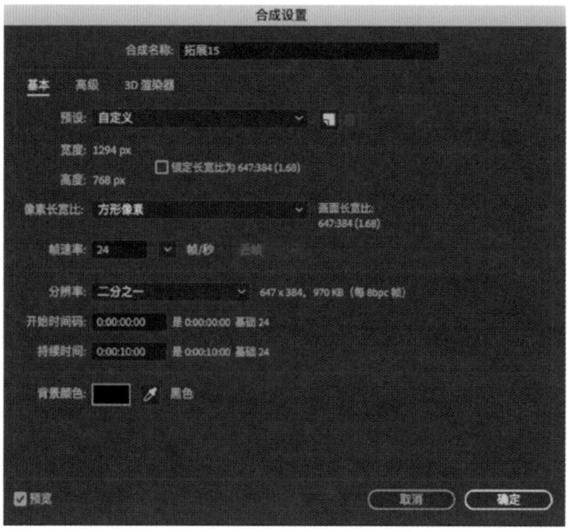

图 13-20　其他参数设置

（2）导入图片“字 .png”和“8.jpg”，新建黑色纯色图层。

（3）设置各个图层的持续时间与位置，如图 13-21 所示。

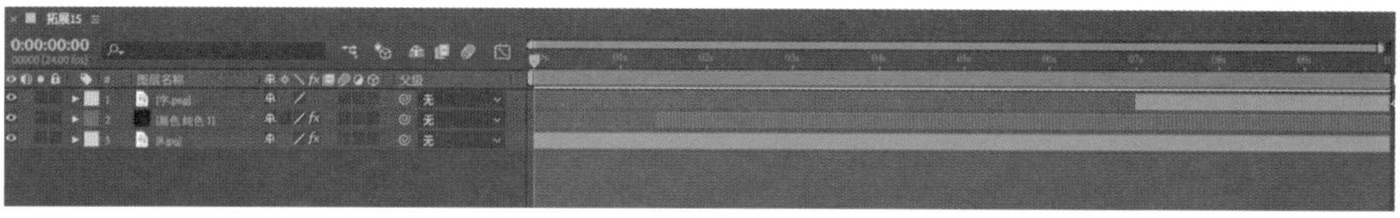

图 13-21　设置持续时间与位置

（4）单击选中合成中置于最下的“8.jpg”，点击导航栏【效果 - 模拟 - 碎片】。在效果控件中设置图案为自定义，自定义碎片图选择“8.jpg”和“源”。“重复”设为“10”；“方向”设为“0x+0.0°”；“源点”为“647.0，384.0”；“凸出深度”为“0.3”。

（5）单击选中合成中的“黑色 纯色 1”，点击导航栏【效果 - 模拟 - 粒子运动场】。设置发射参数如下：“位置”设为“654.0，131.0”；“圆筒半径”设为“187”；“每秒粒子数”为“60”；“方向”为“0x+0.0°”；随机扩散方向为“360.00”；“速率”设为“130.00”；“随机扩散速率”设为“120.00”；“颜色”设为“白色”；“粒子半径”设为“4.56”。重力相关参数如下：“力”设为“290.00”；“随机扩散力”设为“0.30”；方向“0x+180.0°”

（6）单击选中合成中的“字.png”，在 7s 处添加【变换】关键帧，设置不透明度为 0%（图 13-22）；在 9s 处添加【变换】关键帧，设置不透明度为 100%。

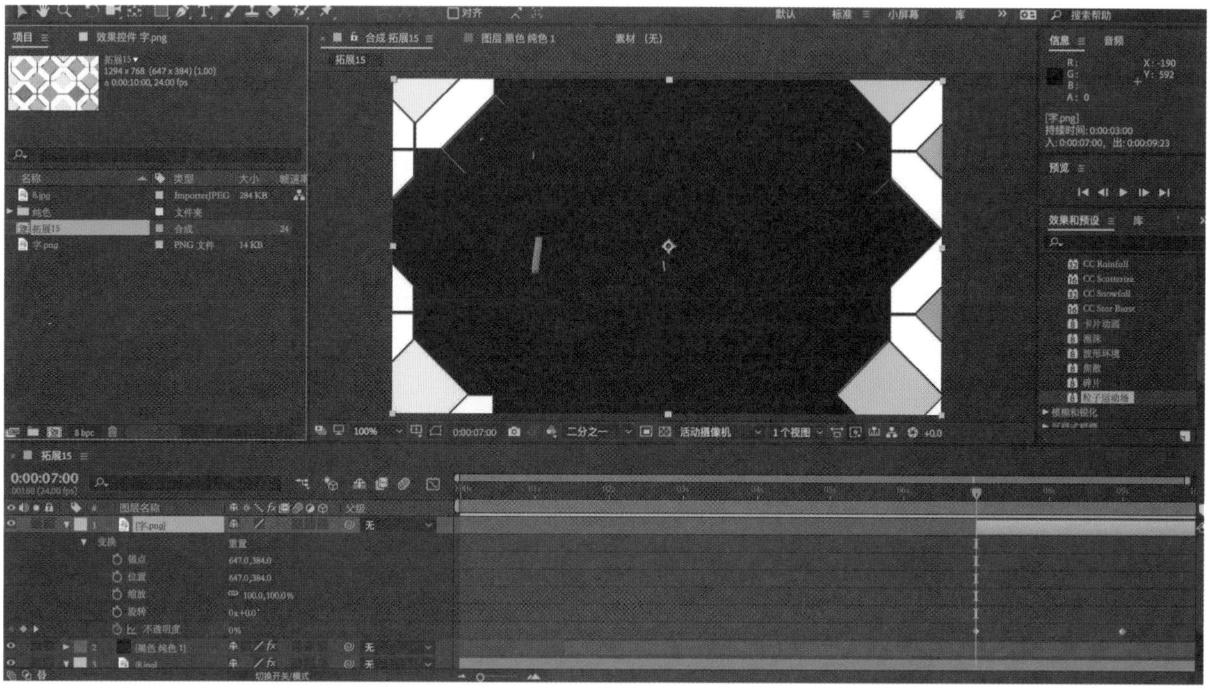

图 13-22　【变换】关键帧

（7）播放预览合成效果，并保存合成。

思考与练习

（1）运用焦散效果设计并制作特效动画。

（2）运用波形环境设计并制作特效动画。

（3）应用本章所讲述的部分效果制作炸裂特效动画。

第十四章

综合案例

本章列举了不同风格的案例，包括粒子特效案例、水墨风格案例、色彩校正案例、仿真特效案例以及电视包装后期案例。这些都是在工作中常用的特效实例，希望大家认真学习，并领悟其要点。

第一节　粒子特效案例

粒子系统是三维计算机图形模拟一些特定现象的技术，而这些现象用其他传统的渲染技术难以实现的具有真实感的效果，常用的模拟效果有火、烟、云、雾、雪、尘、爆炸、水流、火花、落叶、流星轨迹或发光轨迹类似的抽象视觉效果等。这里使用了一个 After Effects CC 的常用插件 Trapcode 第三方滤镜包。Trapcode 滤镜是 Red Giant 公司专门为 After Effects CC 打造的光效和粒子滤镜，可以轻松制作出各种光效与粒子特效。

1. 萤火虫特效

（1）新建合成“萤火虫”，把森林的图片导入 After Effects CC 中，如图 14-1 所示。

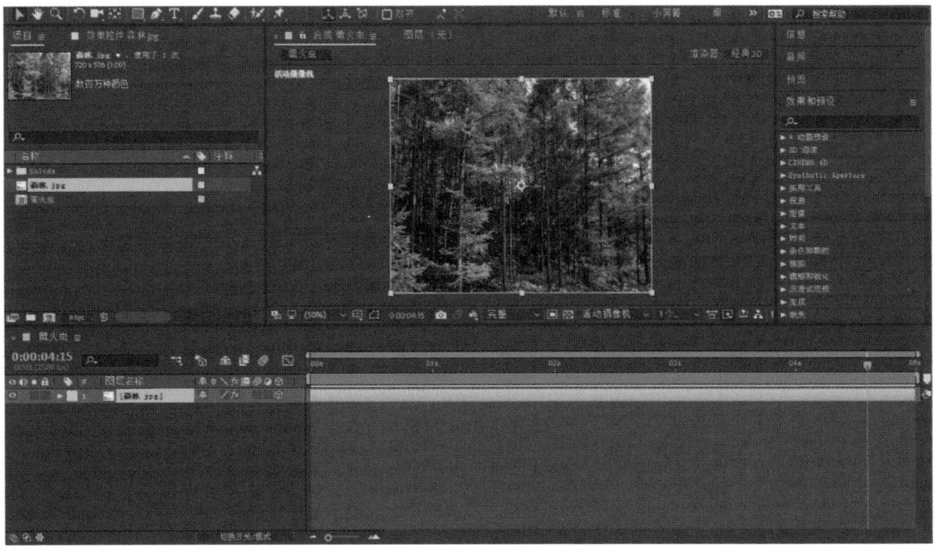

图 14-1　导入森林的图片

（2）新建一个空对象，添加【效果 – 模拟 – 粒子运动场】特效。参数设置如图 14–2 所示。

图 14–2　调整参数

（3）添加一个灯光层，将灯光模式调整为聚光，使其对准图片，调整参数产生黑夜的效果，如图 14–3 所示。最后渲染并输出动画。

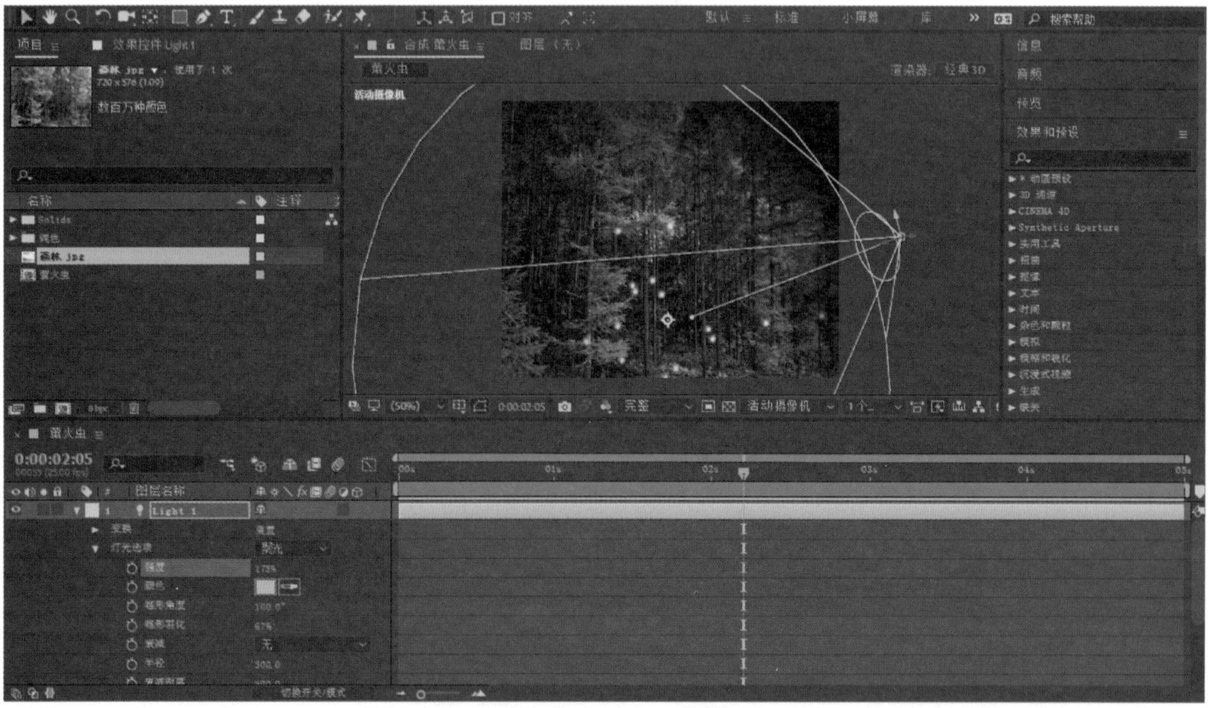

图 14–3　调整参数产生黑夜的效果

2. 叶子起落特效

（1）新建合成“叶子”，把叶子图片导入 After Effects CC 中，如图 14-4 所示。

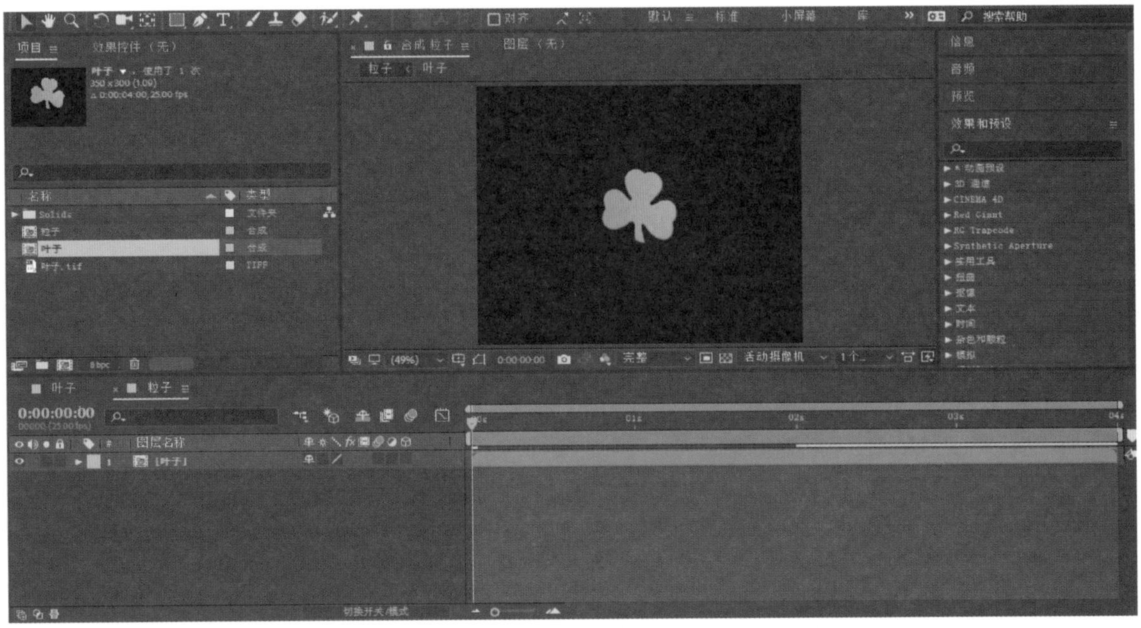

图 14-4　导入叶子图片

（2）新建一个固态层，添加效果中的【RG Trapcode-Particular】特效，如图 14-5 所示。

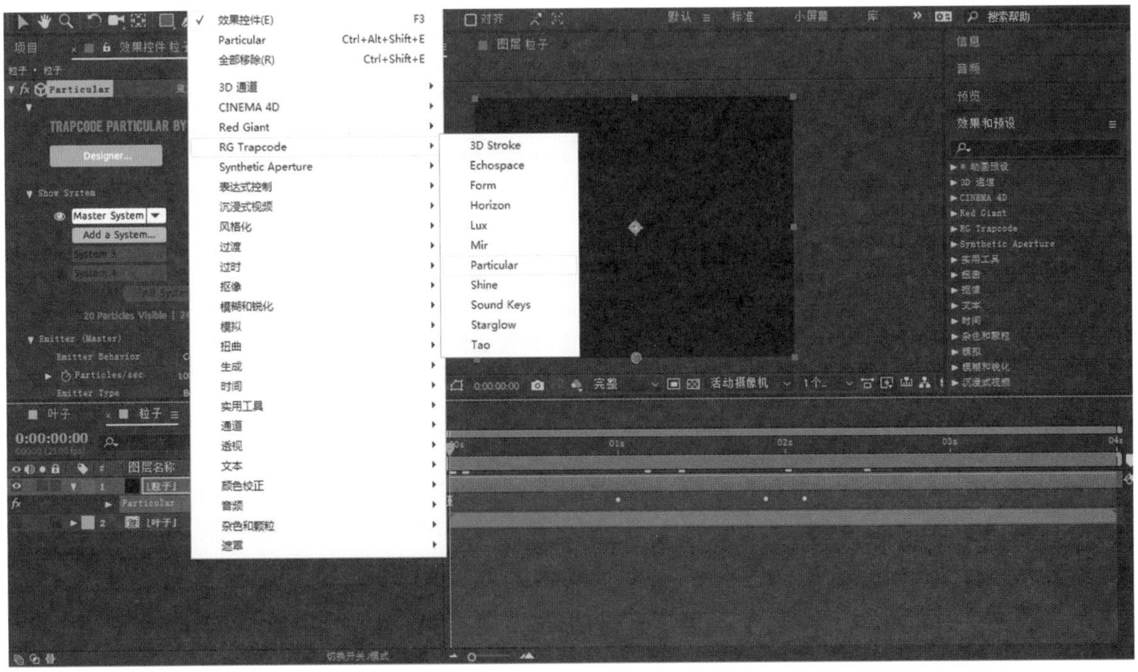

图 14-5　添加【RG Trapcode- Particular】特效

（3）将【RG Trapcode-Particular】特效中的 Emitter Behavior 设为 Continuous，将 Emitter Type 设为 Box，如图 14-6、图 14-7 所示。参考工程文件中的参数进行调整，设置关键帧，最后渲染并输出动画。

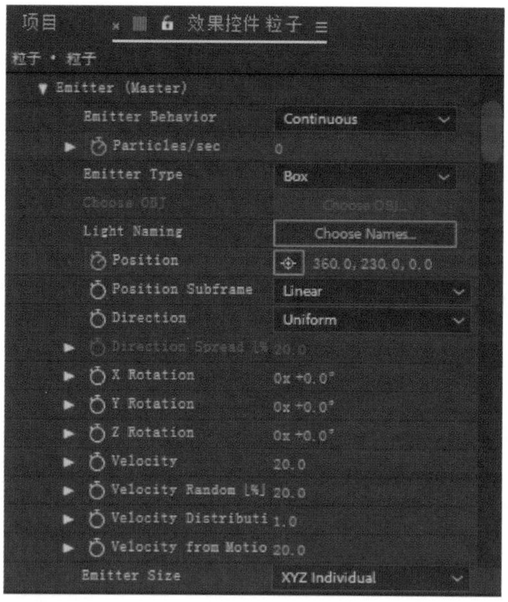

图 14-6　将 Emitter Behavior 设为 Continuous

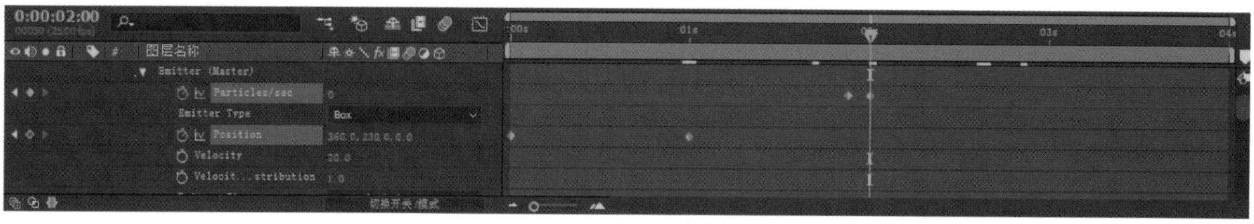

图 14-7　将 Emitter Type 设为 Box

第二节　色彩校正案例

随着近几年专业的调色软件越来越多，After Effects CC 中色彩校正的功能逐渐被专业的调色软件取代，但在有些实际操作中 After Effects CC 依然更便利。本节使用到了 After Effects CC 中的 SA Color Finesse 插件，这是一款颜色校正插件，它提供了高端的颜色校正工具，并提高了性能，使颜色修正变得高效。

（1）将素材中的 TGA 文件导入 After Effects CC 软件，建立新的合成。观察素材，发现素材片段中有一些颗粒噪点，添加效果【杂色和颗粒 - 移除颗粒】，将查看模式选为最终输出，如图 14-8 所示。

（2）添加效果【Synthetic Aperture-SA Color Finesse 3】，为了突出画面的年代感和复古感，选择将该画面调至类似胶片效果的偏绿色调，展开 HSL 的参数设置，分别调整 Master、Highlights、Midtones 的 RGB Gain 参数为 1.4、0.8、1.5（图 14-9）。

（3）设置 RGB 的参数，将 Midtones 中的 Red Gamma 调至 0.88，将 Green Pedestal 调至 -0.3，将 Green Gain 调至 1.8。将 Shadows 中的 Master Gamma 调至 0.55，将 Red Pedestal

图 14-8　查看模式选为最终输出

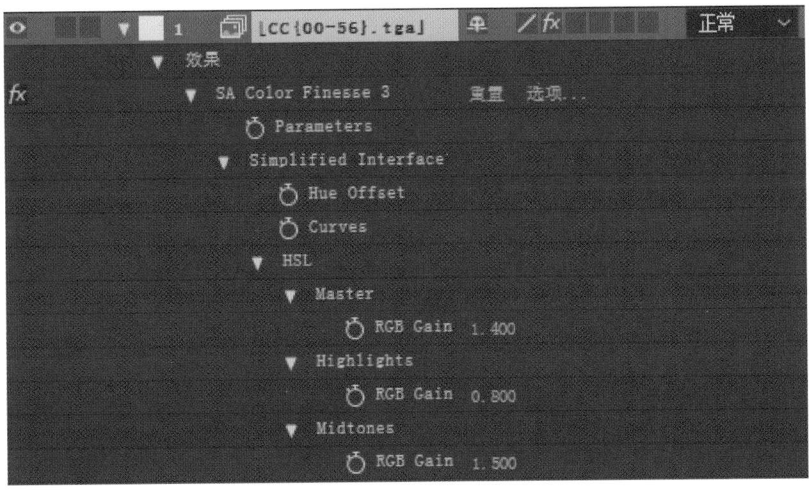

图 14-9　设置 HSL 中的参数

调至 -0.1。在 Limiter 中勾选 Enable Limiter。最后渲染并输出 TGA 序列。最终对比效果如图 14-10 所示。

(a)　　(b)

图 14-10　最终对比效果

第三节　仿真特效案例

仿真特效主要应用与影视后期的制作中，有时因为天气条件等各种各样的原因限制了前期的拍摄，无法达到应有的效果，此时就需要后期添加仿真特效来模拟真实的效果，如雨天、雪天等。本节列举一个模拟雪天的特效。

（1）在素材中选择视频文件 Cold Breath.mov，新建合成命名为“下雪了”。选中视频图层添加效果【颜色校正 – 色相 / 饱和度】，主饱和度调至 −58，主亮度调至 6，效果如图 14-11 所示。

图 14-11　添加效果【颜色校正 – 色相 / 饱和度】

（2）添加效果 CC Rain、CC Snow，在特效面板中调整参数如图 14-12 所示。

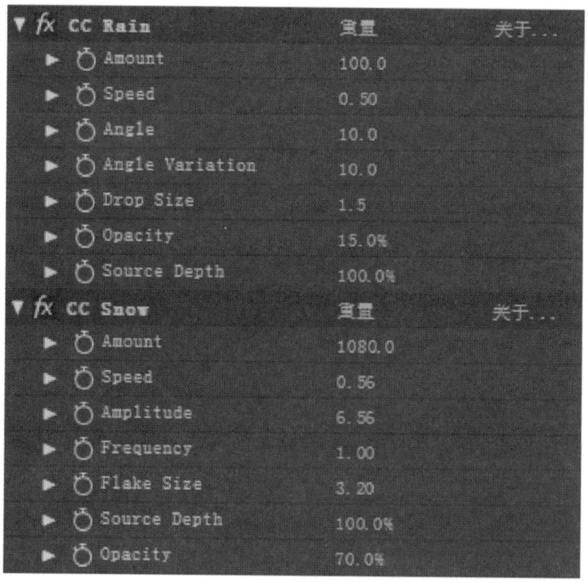

图 14-12　调整参数

（3）调整画面，最终效果如图 14-13 所示。

图 14-13　最终效果

第四节　电视包装后期制作案例

后期包装的制作对电视节目来说起着至关重要的作用，对整个节目的风格定位、节目的知名度和对观众的感染力都有很大影响，后期包装在创意、画面、声音上都应重点构思，这些要素决定了整体包装的质量。后期包装制作在 After Effects CC 中是综合案例，将三维部分渲染出来后，导入 After Effects CC 进行后期效果的制作，综合运用了很多之前的效果，下面分效果解析案例。

（1）首先在素材中导入“BOY”和“GIRL”，建立两个新的合成，分别命名为“BOY PP”和“GIRL PP”，打造一种碎片聚合效果。打开 3D 图层开关，添加效果【模拟 -CC Pixel Polly】，调整参数如图 14-14。根据镜头的设计调整位置。

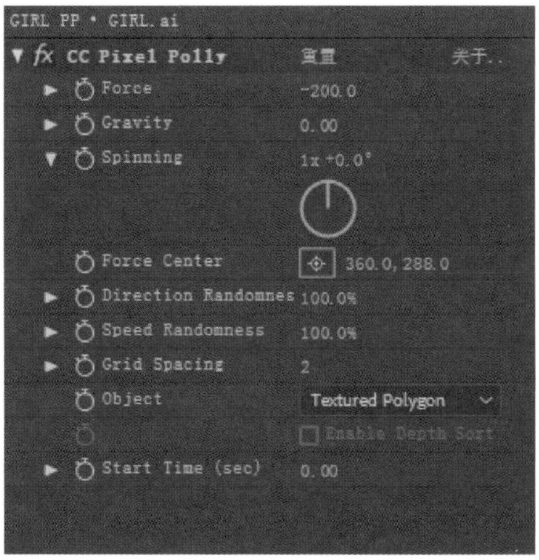

图 14-14　调整参数

（2）新建合成“G-BUFFER”，持续时长设定为10s，将三维渲染好的序列文件夹“G-BUFFER”整体导入，为了给各部分元素上色，根据元素复制6层，分别依次添加效果【3D通道-ID遮罩】，打开特效面板，将辅助通道选为对象ID，ID选择分别设置为1到6。将图层名按元素分别命名，如图14-15。

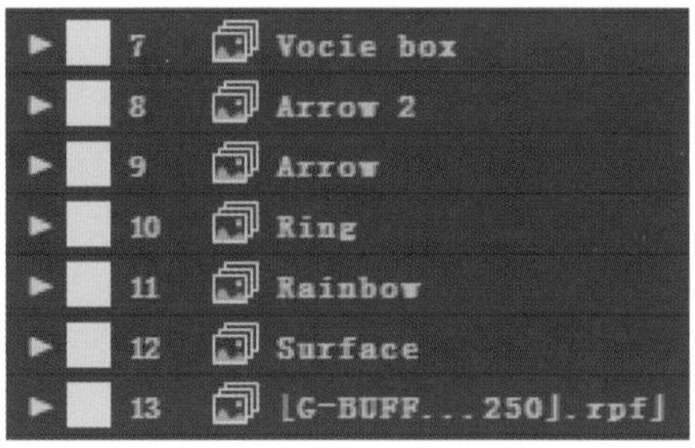

图14-15 为图层命名

（3）选择一个元素层（其他层操作以此类推），添加效果【生成-四色渐变】，按照前期设定选取颜色。添加效果【过渡-线性擦除】，将过渡完成属性按照前期时间设定由100%到0%设置关键帧。添加效果【颜色校正-颜色平衡（HLS）】，将色相添加表达式：effect（“颜色平衡（HLS）”）（1）。由0x+0.0°到2x+0.0°从第一帧到最后一帧设置关键帧，图层效果设置为叠加。为了呈现更好的效果，将“Ring”和“Rainbow”图层额外添加发光效果，分别将发光半径设置为23、43，将这两个图层效果设置为相加。效果如图14-16所示。

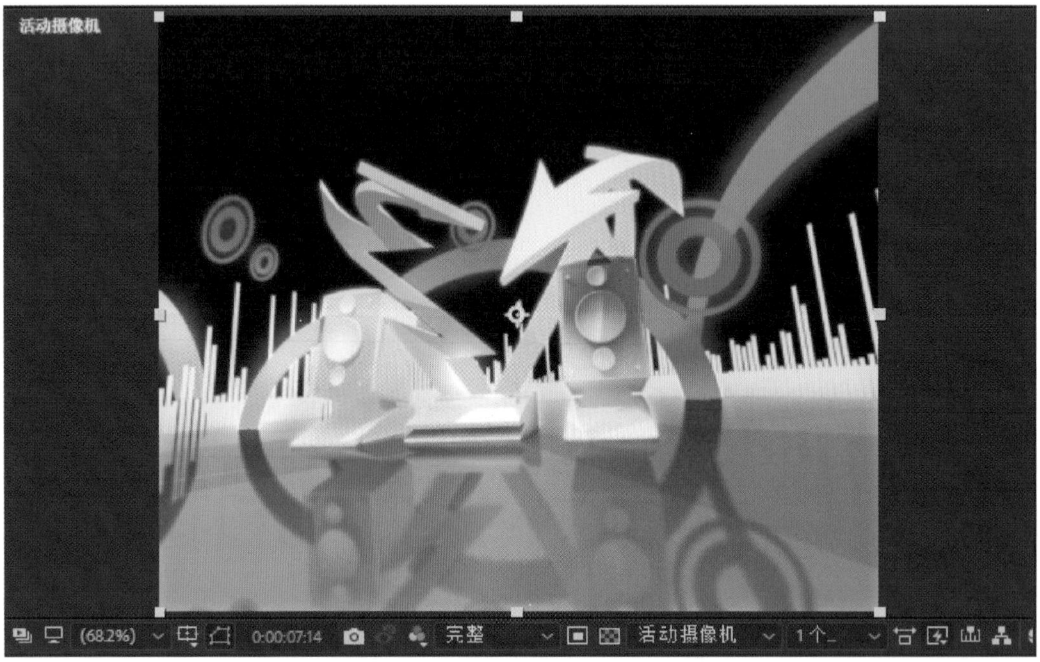

图14-16 添加效果

（4）将人物合成“BOY PP”和“GIRL PP”置于元素层之上，添加【时间重映射】，按照前期设定添加关键帧，如图14-17所示。

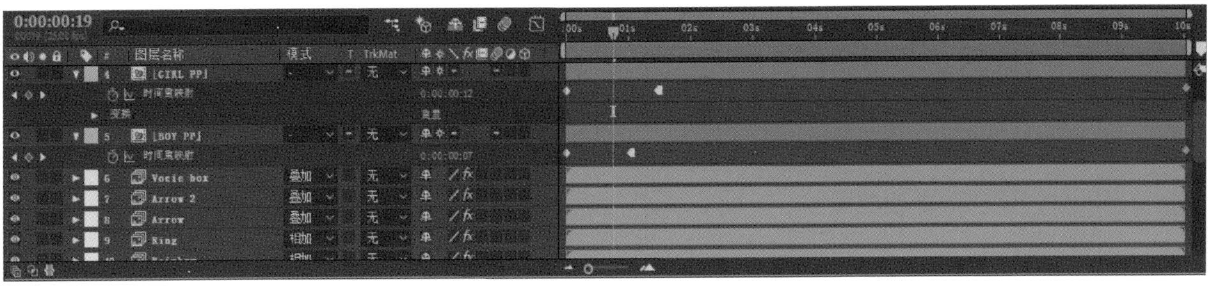

图 14-17　添加【时间重映射】

（5）将三维软件中的摄像机数据导入 After Effects CC 中，生成关键帧。为了添加背景，新建空白图层，添加效果【生成 - 填充】，将颜色由黄到白根据适合的长度进行关键帧设置。添加效果【颜色校正 - 颜色平衡（HLS）】，将色相添加表达式“wiggle（10，20）”，由 0x+196.0° 到 2x+180.0° 从第一帧到最后一帧设置关键帧，效果如图 14-18 所示。

图 14-18　背景添加后的效果

（6）为背景添加波形效果。新建颜色层设置为红色，添加效果【生成 - 无线电波】，参数设置为生成，波浪类型设置为多边形，展开多边形面板，将边的数值调至 128。展开波动面板，频率设置为 2，扩展设置为 20，方向设置为 0x+90.0°，寿命（秒）按照合成持续时间设置为 10，展开描边面板，调整配置文件为“正方形”，淡入时间设置为 0，淡出时间设置为 5。添加效果【颜色校正 - 颜色平衡（HLS）】，将色相添加表达式：effect（“颜色平衡（HLS）”）（1），在 6 s 左右处设置关键帧为 0x+192.0°，效果如图 14-19 所示。

（7）为画面添加动感效果，新建调整图层，置于最上，运用插件 Vision FX Reel Smart Motion Blur 插件（简称 RSMB）添加动态模糊效果。参数设置如图 14-20 所示。

图 14-19　为背景添加波形效果

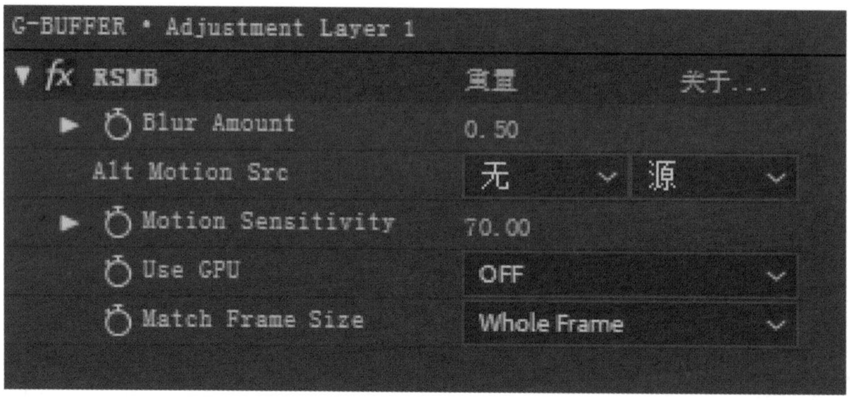

图 14-20　参数设置

（8）添加配乐，最终渲染并输出动画。

思考与练习

(1) 设计并制作一段粒子特效动画。

(2) 设计并制作一段包装后期制作的特效动画。

参考文献

References

[1] 李欣洋，王雪．After Effects CC 中文全彩铂金版案例教程 [M]．北京：中国青年出版社，2018.

[2] 魏玉勇．After Effects CC 影视特效设计与制作案例课堂 [M]．2 版．北京：清华大学出版社，2018.

[3] 布里・根希尔德，丽莎・弗里斯玛．Adobe After Effects CC 2017 经典教程 [M]．北京：人民邮电出版社，2018.

[4] 张刚峰．After Effects CC 影视特效及商业栏目包装案例 100+[M]．北京：清华大学出版社，2018.

[5] 姜全生．数字影音编辑与合成（After Effects CC）[M]．北京：电子工业出版社，2017.

[6] 田博．After Effects CC 2017 动画与影视后期技术实例教程 [M]．北京：机械工业出版社，2017.

[7] 王红卫，迟振春．中文版 After Effects CC 2017 动漫、影视特效后期合成秘技 [M]．北京：清华大学出版社，2017.

[8] 吴桢，王志新，纪春明．After Effects CC 影视后期制作实战从入门到精通 [M]．北京：人民邮电出版社，2017.

[9] 刘天真．影视后期特效——After Effects CC[M]．2 版．北京：高等教育出版社，2017.

[10] 时代印象．After Effects CC 技术大全 [M]．北京：人民邮电出版社，2017.

[11] 李涛．Adobe After Effects CC 高手之路 [M]．北京：人民邮电出版社，2017.